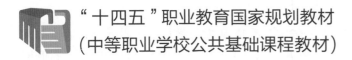

"十四五"职业教育国家规划教材

（中等职业学校公共基础课程教材）

# 信息技术

## （基础模块）

### 上册

总主编：罗光春　胡钦太

主　编：罗光春　郭　斌

参　编：程弋可　邓仕川　范　萍　黄平槐
　　　　姜丽萍　廖大凯　刘清太　任　超
　　　　田　钧　汪永智　肖　玢

U0233892

北京理工大学出版社

BEIJING INSTITUTE OF TECHNOLOGY PRESS

## 内 容 简 介

本教材依据《中等职业学校信息技术课程标准（2020 年版）》研发，教材基于本学科核心素养来选择和组织教学内容，支持学生职业能力成长和终身发展。本书主要内容包含走进信息时代、打开网络之门、多彩图文编辑 3 个专题，教材内容选取包含信息技术最新研究成果及发展趋势的内容，开阔学生眼界，激发学生好奇心；选择生产、生活中具有典型性的应用案例，以及与应用场景相关联的业务知识内容，帮助学生更全面地了解信息技术应用的真实情境，引导学生在实践体验过程中，积累知识技能、提升综合应用能力；内容体现信息技术课程与其他公共基础课程、专业课程的关联，引导学生将信息技术课程与其他课程所学的知识技能融合运用。

本书适合中等职业学校学生作为公共基础课教材使用。

**图书在版编目（CIP）数据**

信息技术 : 基础模块 . 上册 / 罗光春，郭斌主编

. -- 北京 : 北京理工大学出版社，2022.8

ISBN 978-7-5763-0797-9

Ⅰ . ①信… Ⅱ . ①罗… ②郭… Ⅲ . ①电子计算机 –

中等专业学校 – 教材 Ⅳ . ①TP3

中国版本图书馆 CIP 数据核字（2022）第 005621 号

出版发行 / 北京理工大学出版社有限责任公司
社　　址 / 北京市海淀区中关村南大街 5 号
邮　　编 / 100081
电　　话 /（010）68914775（总编室）
　　　　　（010）82562903（教材售后服务热线）
　　　　　（010）68944723（其他图书服务热线）
网　　址 / http://www.bitpress.com.cn
经　　销 / 全国各地新华书店
印　　刷 / 涿州汇美亿浓印刷有限公司
开　　本 / 889 毫米 × 1194 毫米　1/16
印　　张 / 12　　　　　　　　　　　　　　　　责任编辑 / 张荣君
字　　数 / 230 千字　　　　　　　　　　　　　文案编辑 / 张荣君
版　　次 / 2022 年 8 月第 1 版　2022 年 8 月第 1 次印刷　　责任校对 / 周瑞红
定　　价 / 27.60 元　　　　　　　　　　　　　责任印制 / 边心超

# "十四五"职业教育国家规划教材
## （中等职业学校公共基础课程教材）
## 出版说明

为贯彻新修订的《中华人民共和国职业教育法》，落实《全国大中小学教材建设规划（2019—2022年）》《职业院校教材管理办法》《中等职业学校公共基础课程方案》等要求，加强中等职业学校公共基础课程教材建设，在国家教材委员会统筹领导下，教育部职业教育与成人教育司统一规划，指导教育部职业教育发展中心具体组织实施，遴选建设了数学、英语、信息技术、体育与健康、艺术、物理、化学等七科公共基础课程教材，并于2022年组织按有关新要求对教材进行了审核，提供给全国中等职业学校选用。

新教材根据教育部发布的中等职业学校公共基础课程标准和有关新要求编写，全面落实立德树人根本任务，突显职业教育类型特征，遵循技术技能人才成长规律和学生身心发展规律，围绕核心素养培育，在教材结构、教材内容、教学方法、呈现形式、配套资源等方面进行了有益探索，旨在打牢中等职业学校学生科学文化基础，提升学生综合素质和终身学习能力，提高技术技能人才培养质量。

各地要指导区域内中等职业学校开齐开足开好公共基础课程，认真贯彻实施《职业院校教材管理办法》，确保选用本次审核通过的国家规划新教材。如使用过程中发现问题请及时反馈给出版单位和我司，以便不断完善和提高教材质量。

教育部职业教育与成人教育司

2022年8月

# 前　言

习近平总书记指出，没有信息化就没有现代化。信息化为中华民族带来了千载难逢的机遇，必须敏锐抓住信息化发展的历史机遇。提升国民信息素养，对于加快建设制造强国、网络强国、数字中国，以信息化驱动现代化，增强个体在信息社会的适应力与创造力，提升全社会的信息化发展水平，推动个人、社会和国家发展具有重大的意义。

为更好地实施中等职业学校信息技术公共基础课程教学，教育部组织制定了《中等职业学校信息技术课程标准（2020 年版）》（以下简称《课标》）。《课标》对中职学校信息技术课程的任务、目标、结构和内容等提出了要求，其中明确指出，信息技术课程是各专业学生必修的公共基础课程。学生通过对信息技术基础知识与技能的学习，有助于增强信息意识、发展计算思维、提高数字化学习与创新能力、树立正确的信息社会价值观和责任感，培养符合时代要求的信息素养与适应职业发展需要的信息能力。

本套教材作为学生的主要学习材料，严格按照教育部《课标》的要求编写。教材基础模块分为上、下两册。基础模块（上册）包含走进信息时代、开启网络之窗、编绘多彩图文 3 个专题，基础模块（下册）包含活用数据处理、程序设计入门、数字媒体创意、信息安全基础、人工智能初步 5 个专题。

本教材的编写遵循中职学生的学习规律和认知特点，考虑学生职业成长和终身发展的需要，打破传统教材的组织结构模式，从信息技术应用的角度展开任务，呈现出以下几个方面的特点。

（1）注重课程思政的有机融合。深入挖掘学科思政元素和育人价值，把职业精神、工匠精神、劳模精神和创新创业、生态文明、乡村振兴等元素有机融合，达到课程思政与技能学习相辅相成的效果；紧密围绕学科核心素养、职业核心能力，促进中职学生的认知能力、合作能力、创新能力和职业能力的提升。

（2）打破传统的内容组织形式，突出信息处理的主线；按照企业工程项目实践，采用理实结合的任务驱动型结构。每个专题由"专题情景""学习目标""任务描述""感知体验""知识学习""实践操作""自我评价""专题练习"等栏目组成。

（3）内容载体充分体现新技术、新工艺。精选贴近生产生活、反映职业场景的典型案例，注重引导学生观察生活，切实培养学习兴趣。充分考虑各专业学生的学习起点和研读能力，对重点概念、技术以图文、多媒体等方式帮助学生掌握，同时应用时下最流行的网络媒体工具吸引学生的关注，加强实践环节的指导，让学生学有所用。

（4）注重引导学生观察生活，使学生在感知中认识知识内容的实用性，切实培养学习兴趣；充分考虑各专业学生的学习起点和研读能力，对重点概念、技术以图表、多媒体等方式呈现，帮助学生理解掌握。同时，应用时下最流行的网络媒体工具吸引学生的关注，加强实践环节，让学生学有所用，培育新时代工匠精神。

（5）强化学生的自学能力。专题任务中穿插"讨论活动""实践活动""探究活动"等小栏目，加强学生的自学和互动，深化对知识的理解；专题任务的后面还设置有自我评价表，引导学生进行自学评价。在自我评价表中，学生可根据自身学习情况填涂，"☆☆☆"表示未掌握，"★☆☆"表示少量掌握，"★★☆"表示基本掌握，"★★★"表示完全掌握。

本套教材由罗光春、胡钦太担任总主编，制订教材编写指导思想和理念，确定教材整体框架，并对教材内容编写进行指导和统稿。《信息技术（基础模块）（上册）》由罗光春、郭斌担任主编，《信息技术（基础模块）（下册）》由胡钦太、孙中升担任主编。其中，专题1由罗光春、郭斌、范萍编写，专题2由程弋可、刘清太、田钧、任超编写，专题3由姜丽萍、邓仕川、肖玢编写，专题4由孙中升、龙天才、肖玢编写，专题5由胡钦太、陈向阳、陶建编写，专题6由喻铁、钟勤编写，专题7由杨昪、郭爽编写，专题8由林闻凯、赖文昭编写。本套教材由汪永智、黄平槐、廖大凯负责进行课程思政元素的设计和审核。本套教材在编写过程中得到了北京金山办公软件有限公司、360安全科技股份有限公司、广州中望龙腾软件股份有限公司、福建中锐网络股份有限公司、新华三技术有限公司等企业，电子科技大学、北京理工大学、广东工业大学、华南师范大学、天津职业技术师范大学等高等院校，北京、辽宁、河北、江苏、山东、山西、广东等地区的部分高水平中、高等职业院校的大力支持，在此深表感谢。

由于编者水平有限，教材中难免存在疏漏和不足之处，敬请广大教师和学生批评和指正，我们将在教材修订时改进。联系人：张荣君，联系电话：（010）68944842，联系邮箱：bitpress_zzfs@bitpress.com.cn。

编　者

# 目 录
## MULU

## 专题 3 编绘多彩图文

# 专题 1　走进信息时代

　　"智慧城市""智能制造""数字经济"等应用模式的推广，本质上是信息技术在各领域的有机渗透。信息技术不再是专家和工程师才能掌握和操纵的高科技，而是开始真正地面向普通公众，并与人类社会的生产生活深度融合。信息表达形式和信息系统与人的交互超越了传统的文字、图像和声音，机器或者设备感知视觉、听觉、触觉、语言、姿态甚至思维等技术或者手段已经在各种信息系统中大量出现。

## 专题情景

　　小小是刚走进某中职学校的一名学生，她在小学和初中也学习了一些信息技术知识，但掌握的信息技术知识有限，信息化产品的操作水平也有待提高。在接触到越来越多的信息化产品后，她更加深刻地认识到只有掌握信息技术，才能适应"互联网＋""智能＋"时代对职业人的要求。

　　学校双创中心指导老师让小小和小伙伴们梳理以前掌握的零碎信息技术知识，结合新学习的信息技术，探究信息技术和信息社会的奥妙，以便更好地应用于今后的职场工作和生活中。

## 学习目标

　　1. 了解信息技术的概念和发展趋势、应用领域，关注信息对社会形态和个人行为方式带来的影响。

　　2. 了解信息社会相关的文化、道德和法律常识，在信息活动中自觉践行社会主义核心价值观，履行信息社会责任。

　　3. 了解信息系统的组成和信息处理的方式与过程。

　　4. 掌握常见信息技术设备及主流操作系统的使用技能，养成数字化学习和创新的习惯。

　　5. 会进行图形用户界面操作，能输入文字。

　　6. 会管理信息资源，了解系统维护的相关知识；会使用"帮助"等工具解决信息技术设备和系统使用过程中的问题。

## 任务 ① 探究信息技术和信息社会

**任务描述**

　　小小周末和同学一起乘车去科技馆参加科普活动。乘坐公共汽车时，小小发现很多年轻人都用手机扫码乘车，方便快捷。在进入科技馆的时候，刷身份证就能通过闸机。小小发现信息技术应用广泛，无处不在，因此，她决定深入探究信息技术和信息社会。

　　在信息时代，扫码乘车、移动支付是常用的方式。运用手机、计算机可以方便地完成出行、购物、就医等活动。在手机中，安装相关应用软件（Application Software，以下简称 APP），通过输入信息或扫码即可完成相应的功能，事半功倍。信息技术已经融入我们生活中的各个方面，我们对信息技术的发展是否了解？信息技术对我们将产生什么样的影响？我们应当具有什么样的信息社会责任？这些都是需要我们学习和思考的。

**感知体验**

### 便捷支付

　　乘坐公交汽车或地铁，不需要公交卡和现金，通过刷卡机扫描手机支付程序的二维码，就可实现轻松乘车（图 1-1-1）；在购物时，扫描商家收款二维码，就可实现快捷支付。

图 1-1-1　便捷支付

　　在社会发展的进程中，人类获取、传播信息的技术手段经历了变革性变化，请完善表 1-1-1，并讨论我们的生活正在发生的变化。

表 1-1-1　获取、传播信息的技术手段

| 人类活动 | 获取、传播信息的技术手段 | 人类活动 | 获取、传播信息的技术手段 |
| --- | --- | --- | --- |
| 烽火台放狼烟 |  | 观看《新闻联播》节目 |  |
| 飞鸽传书 |  | 浏览学习强国网站 |  |

### 1. 信息技术

信息（Information）是指以声音、文字、图像、动画和气味等方式所表示的实际内容，是事物现象及其属性标识的集合，是人们关心的事情的消息或知识。其是由有意义的符号组成的。人们通过获得、识别自然界和社会的不同信息，区别不同事物，获得认知，确定行动。

信息的存在形式十分广泛，从甲骨文、红绿灯信号、台风监测预报系统科技成果、学习强国网站里的内容，甚至我们的一个眼神、一个动作都可能传递信息。

信息技术（Information Technology，IT），是指在信息的获取、整理、加工、存储、传递和利用过程中所采用的技术和方法。

迄今为止，人类已经经历了信息技术发展的五个阶段，即语言的应用；文字的出现和使用；印刷术的发明和使用；电报、电话、广播、电视的发明和普及；计算机和网络的普及。随着计算机和现代通信技术的结合，让信息可以分享、可以记录、可以传播、可以用各种媒体形式远距离实时传播和双向互动。

电子计算机和互联网的普及得益于电子计算机技术和通信技术的发展。1946 年 2 月，世界上第一台通用电子数字计算机"埃尼阿克"（ENIAC）在美国宾夕法尼亚大学诞生，标志着人类迈向处理信息的新时代。电子计算机（简称计算机，俗称电脑）按采用的电子元器件不同，一般认为已经历了四个发展阶段（图 1-1-2），并且正朝着新的方向发展。世界各国的研究人员正在加紧研究开发新型计算机，计算机的体系结构与技术都将产生一次量与质的飞跃。新型的量子计算机、光子计算机、分子计算机、纳米计算机等，将会在未来走进我们的生活，遍布各个领域。展望未来，计算机将是半导体技术、超导技术、光学技术、纳米技术和仿生技术相互结合的产物。

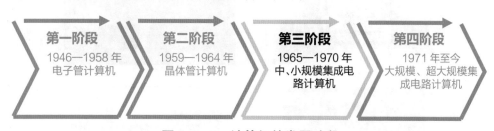

图 1-1-2 计算机的发展阶段

随着信息技术的发展，通信技术融入信息技术中，数字化、网络化、智能化应用突飞猛进，物联网、大数据、云计算、移动互联网、区块链和人工智能等新一代信息技术逐步进入人们的视野，并开始推动新产业、新业态、新模式的产生，如图 1-1-3 所示。

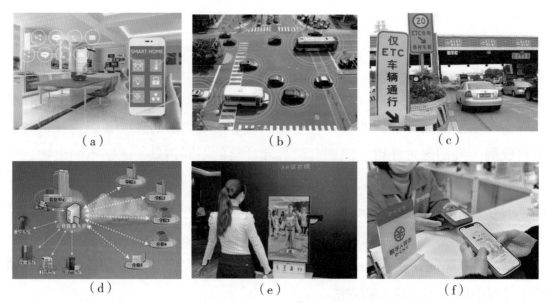

图 1-1-3　新一代信息应用场景

（a）智能家居;（b）智能网联汽车;（c）电子不停车收费系统（ETC）;
（d）云计算应用;（e）AR 试衣镜;（f）数字人民币

### 2. 信息社会

信息社会也称为信息化社会，是指脱离农业和工业化社会后，信息起主导作用的社会。信息社会是以电子信息技术为基础、以信息资源为基本发展资源、以信息服务性产业为基本社会产业、以数字化和网络化为基本社会交往方式的新型社会。人们的工作和学习都离不开信息资源及对其的处理。

（1）信息社会的特征

信息社会的特征主要包括四个方面，如图 1-1-4 所示。

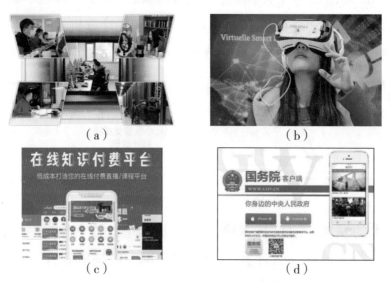

图 1-1-4　信息社会的特征

（a）网络社会;（b）数字生活;（c）信息经济;（d）在线政务

①网络社会。网络化是信息社会最为典型的社会特征，人们的工作、学习、生活、娱乐，企业的生产和经营，政府的服务，都离不开网络。高速、泛在的信息基础设施全面普及是网络社会的基本要求。如通过网络实现居家办公、远程协助等。

②数字生活。人们的生活理念和思维方式随着信息技术的应用正发生着深刻变化，主要体现在生活工具数字化、生活方式数字化和生活内容数字化三个方面。如人们借助平板电脑、智能手机、智能设备等数字化工具，消费各种数字化内容。

③信息经济。信息经济是以信息技术为基础，基于信息、知识、智力的一种新型经济。数据信息已成为新的生产要素，在信息的处理环节中产生经济价值。如人们通过网上学习平台付费学习知识，通过电商平台销售农产品等。

④在线政务。信息社会的发展对政府的服务能力和水平提出了新的要求，也为政府实现服务体系的现代化创造了条件。在信息社会中，政府可以通过网络平台实现政务公开、政务公共服务等，提升社会治理和公共服务的水平，如通过"国务院"APP实现居民信息查询或事务办理等。

（2）智慧社会

党的十九大报告在论述加快建设创新型国家时，提出了"智慧社会"的概念。智慧社会是继农业社会、工业社会、信息社会之后人类社会发展的新阶段，智慧社会治理以万物互联为基础、以大数据分析为手段、以人工智能为支撑、以智能化生产生活为目标，主动感知响应社会现象，预测和防范社会风险，为人们带来差异化、精细化、多元化的精准服务。

近年来，我国的智慧社会建设取得了长足进展，各地建设的智慧城市是智慧社会建设的重要部分。在智慧社会的技术层面，中国的共享经济、数字支付、智能应用程序、众包、众智等多样化新型创新平台，不但拥有世界最多的用户使用量，还在一些领域形成领先技术优势。在智慧社会的政策层面，从中央到地方，以及一些行业主管部门，纷纷出台规划，力推科技强国、数字中国建设，建设世界主要人工智能创新中心。

### 3. 信息社会公民道德及法律意识

作为一个公民，无论是在现实生活还是在信息社会，都需要在文化修养、道德规范和行为自律等方面履行应尽的责任。网络技术的发展，为公众打造出了一个虚拟、匿名、开放的网络环境。虚拟空间与现实空间并存，人们在虚拟实践、交往的基础上，发展出了新型的社会经济形态、生活方式及行为关系。网络已成为学生学习知识、交流思想、休闲娱乐的重要平台。但网络中出现的一些不健康信息，极易对青少年学生造成危害。

2019年，中共中央、国务院印发了《新时代公民道德建设实施纲要》，强调公民应注意文明自律网络行为，培养良好的网络行为规范，注重网络伦理和网络道德，倡导文明上网，自觉维护良好网络秩序，如图 1-1-5 所示。

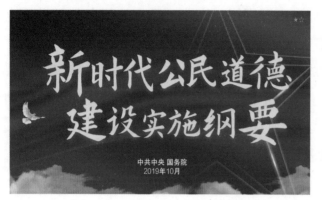

图 1-1-5　遵守信息社会公德

表 1-1-2 列出了我国部分重要的信息技术法律法规，关于信息技术的法律法规还有很多，如果涉及国际层面，国际公认和国外制定的信息技术法律法规就更加广泛了。

表 1-1-2　我国部分重要的信息技术法律法规

| 序号 | 法律、法规 | 序号 | 法律、法规 |
|---|---|---|---|
| 1 | 《中华人民共和国专利法》 | 7 | 《信息网络传播权保护条例》 |
| 2 | 《中华人民共和国著作权法》 | 8 | 《计算机软件保护条例》 |
| 3 | 《中华人民共和国计算机信息系统安全保护条例》 | 9 | 《中华人民共和国国家安全法》 |
| 4 | 《中华人民共和国刑法》 | 10 | 《中华人民共和国网络安全法》 |
| 5 | 《计算机软件著作权登记办法》 | 11 | 《中华人民共和国密码法》 |
| 6 | 《中华人民共和国电子签名法》 | 12 | 《中华人民共和国电子商务法》 |

我们每个人在做好守法公民的同时，在自身权益受到侵害时，也要使用法律武器来保护自己。

在信息社会中，公民应积极维护国家安全、社会稳定和他人隐私。如果发现有人制造计算机病毒、黑客攻击、使用"人肉搜索"方式窥探并传播他人隐私、充当"网络水军"来传播谣言或散布虚假信息、进行网络欺诈、传播网络色情信息等行为，应及时举报。

**探究活动**

通过网络查询或同学间讨论，梳理日常生活中下述应用场景所使用的平台或APP，以及在使用中应注意的网络道德规范，完成表1-1-3的填写。

表1-1-3　信息社会应用成果表

| 序号 | 信息社会应用 | 应用产品 | 网络道德规范 |
| --- | --- | --- | --- |
| 1 | 网上购物 | | |
| 2 | 社群交流 | | |
| 3 | 外出旅游 | | |
| 4 | 求职应聘 | | |
| 5 | 导航出行 | | |
| 6 | 其他 | | |

**拓展延伸**

### 信息社会诚信建设刻不容缓

"人无信不立，业无信不兴，国无信则衰。"诚信是公众必须具备的基本素养，也是文明社会不可或缺的基石。进入信息时代，智能手机、移动互联网、在线社交软件等日益普及，云计算、物联网、大数据、人工智能、区块链等新兴科技快速发展，让人们的生产生活更便捷、通信交流更畅通、信息获取更方便，但同时也带来了诚信缺失问题。

信息时代出现诚信缺失问题，主要有以下几方面原因：从技术层面看，信息技术使人与人之间的交流似乎进入了一个互不熟识、缺少监督的"陌生人社会"，从而使一些人放松或忽视了诚信自律，做出失信行为；从利益驱动层面看，少数门户网站、自媒体为最大限度地攫取经济利益，不惜当"标题党"，甚至传递虚假信息，恶意透支社会信用；从体制机制层面看，信息时代的诚信监督体系建设比较滞后，对失信者的威慑和惩戒不够及时、有力，从而让失信者有机可乘，造成诚信缺失问题。

中华优秀传统文化历来具有讲诚信、重承诺的优良传统。诚信是社会主义核心价值观的重要内容之一，应把说老实话、办老实事、做老实人作为立身做人、干事创业的基本准则。在信息技术快速发展的当下，要想有效提升公众诚信意识和社会信用水平，关键是加强网络诚信建设，坚持法治与德治并举、线上与线下联动，推动网络诚信建设法规越来越严密、覆盖越来越广泛、要求越来越严格，让诚实守信者受到尊重，令失信违约者处处受限，在人人参与、多元共治中大力营造诚实守信的健康网络生态。

请根据自己的学习情况完成表 1-1-4，并按掌握程度填涂 ☆。

表 1-1-4    自我评价表

| 知识与技能点 | 我的理解（填写关键词） | 掌握程度 |
| --- | --- | --- |
| 信息技术概念 | | ☆ ☆ ☆ |
| 信息技术的典型应用 | | ☆ ☆ ☆ |
| 列出 5 种新一代信息技术 | | ☆ ☆ ☆ |
| 信息社会特征 | | ☆ ☆ ☆ |
| 信息社会公民义务 | | ☆ ☆ ☆ |
| 收获与心得 | | |

# 任务 ② 认识信息系统

## 任务描述

小小到图书馆借书，全程采用一卡通系统轻松借书，与自己义务教育时期的图书馆相比，借阅方便多了。她也在思考生活中还有哪些为我们提供便利的信息系统，信息系统是如何实现那些功能的，这些信息系统拥有哪些共性。

在信息社会中，很多业务流程都是通过信息系统实现的，例如公交一卡通系统、购物 APP、支付系统等。要熟练运用信息系统，就要认识信息系统，了解信息系统的概念和结构，了解信息的输入、处理、存储和输出等基本知识。只有掌握各信息系统拥有的共性元素，才能更快地掌握陌生的信息系统。

## 感知体验

### 通信大数据行程卡

基于疫情防控推出的通信大数据行程卡不但为常态化疫情防控提供了智慧和方案，也为用户提供便捷的行程证明。打开手机中"国家政务服务平台"APP，选择"通信行程卡"，输入自己的手机号和验证码，APP 根据你的行程大数据统计展示近 14 天的行程情况（图 1-2-1）。这正是大数据信息系统给人们的生产和生活带来的便利。

图 1-2-1  通信大数据行程卡——体验大数据系统

知识学习

### 1. 信息系统

（1）信息系统及其基本功能

**信息系统**（Information System）是由硬件、软件、网络和通信设备、信息资源、信息用户和规章制度组成的用于处理信息流为目的的人机一体化系统，如表 1-2-1 所示。

表 1-2-1   信息系统的组成

| 序号 | 组成名称 | 描述 | 举例 |
|---|---|---|---|
| 1 | 硬件 | 信息系统中各种电子元器件、机械部件等 | 一卡通系统中的读卡器、计算机及其外部设备等 |
| 2 | 软件 | 信息系统中完成特定任务（如采集、处理、存储和输出信息）的程序和相关文档的集合 | 一卡通系统中的业务流程处理系统、业务流程控制系统等 |
| 3 | 网络和通信设备 | 不同地理位置上多台能独立运行的计算机或终端用通信介质连接的系统，其主要作用是通信和资源共享 | 一卡通系统中的通信模块，确保多台硬件设备相连并进行数据传输 |
| 4 | 信息资源 | 信息系统采集、输入、处理、传输、存储的各种信息的总和 | 一卡通系统中采集的数据资源等 |
| 5 | 信息用户和规章制度 | 确保信息系统安全、有序、稳定运行的管理规范，包括用户及其账号、权限，系统运行的流程和逻辑、规范化管理制度 | 一卡通系统中的用户及其权限等 |

信息系统主要包括五个基本模块，即输入、存储、处理、输出和控制系统。例如，一卡通系统包括数据采集和输入系统（终端）、数据输出系统（终端）、一卡通管理系统（处理控制系统）、通信网络、数据存储系统（存储系统）等，如图 1-2-2 所示。

图 1-2-2   一卡通系统

（2）计算机系统

计算机系统是最常见的信息系统，它包括硬件系统和软件系统，二者缺一不可。计算机硬件系统由运算器、控制器、存储器、输入设备和输出设备五部分构成。计算机软件系统包括系统软件和应用软件，操作系统属于系统软件；而应用软件在不同领域拥有各自的功能，如图文编辑和数据处理软件有 WPS Office、Microsoft Office 等，三维建模有中望 3D One、浩辰 3D、CAXA 3D 等，社交软件有微信、QQ 等。目前很多应用软件都面向计算机和移动终端，可在软件制造商官方网站或移动终端应用市场下载安装、使用。计算机系统的基本组成如图 1-2-3 所示。

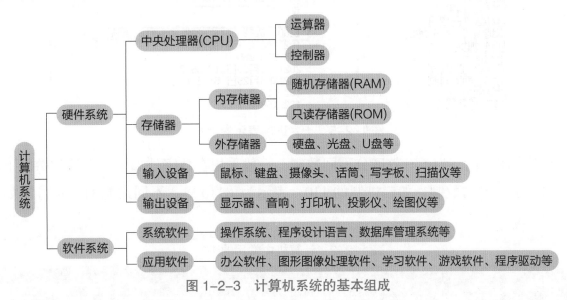

图 1-2-3　计算机系统的基本组成

## 2. 数据

数据（Data）是计算机中能加工处理的对象，包括数字、文字、字母、符号、文件、图像等。它是对客观事物的性质、属性、状态与相互关系等进行记载的符号及其组合。数据是可识别的、抽象的符号，存在形式是可以表示一定意义的文字、数字、图形、图像、音频、视频等，例如，"0、1、2""阴、雨、下降、气温"及音乐、互联网中的自媒体视频等。图 1-2-4 所示的智能交通云平台显示的北京早高峰路况热力图就是数据的图形呈现形式。

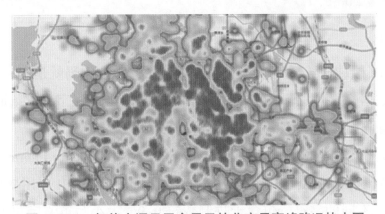

图 1-2-4　智能交通云平台显示的北京早高峰路况热力图

### 3. 数据表示方法

计算机中的数据都是以某种类型的数码输入、加工和存储的。数据的表现通常表示为不同的数制，数制就是计数法、进位制，在信息系统中使用十进制、二进制和十六进制，在生活中使用十二进制、六十进制等。在网络系统配置中，设备物理地址、IPv6 地址使用十六进制数，如图 1-2-5 所示。

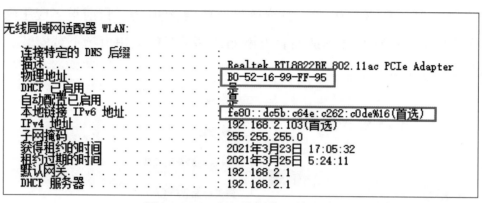

图 1-2-5　十六进制表示的信息

由于数制不同，为了有效区分不同数制，一般采用在数字外加圆括号后加数字下标的方式表示不同的数制，如二进制的 110，表示为（110）$_2$。不同进制的表示方法如表 1-2-2 所示。

表 1-2-2　计算机中常用的进制

| 进制名称 | 基数 | 数码 | 进位方法 | 举例 |
|---|---|---|---|---|
| 十进制 | 10 | 0、1、2、3、4、5、6、7、8、9 | 逢十进位 | （365）$_{10}$ |
| 二进制 | 2 | 0、1 | 逢二进位 | （110010）$_2$ |
| 八进制 | 8 | 0、1、2、3、4、5、6、7 | 逢八进位 | （316）$_3$ |
| 十六进制 | 16 | 0、1、2、3、4、5、6、7、8、9、A、B、C、D、E、F | 逢十六进位 | （2F3）$_{16}$ |

### 4. 数据编码

在信息系统中，数据存储和运算要使用二进制数。数据编码就是用一个编码符号代表一条信息或一串数据。数据编码包括很多种类，如 ASCII 码、汉字码、条形码和二维码等。

（1）ASCII 编码

ASCII 码是美国信息交换标准代码（American Standard Code for Information Interchange）的简称。ASCII 码包括标准 ASCII 码和扩展 ASCII 码。标准 ASCII 码用 7 位二进制数的不同编码表示 128 个不同的字符，包含十进制数符 0~9、大小写英文字母及专用符号等 95

种可打印字符，还有33种通用控制字符（如回车、换行等）。扩展ASCII码使用8位二进制数表示一个字符的编码，共256字符。标准ASCII码高位为二进制数0，其余7位二进制数由0和1组成。如数字符号"0"的ASCII码为"00110000"，转换为十进制数ASCII码值为48；字符"A"的ASCII码值为65；字符"a"的ASCII码值为97，如图1-2-6所示。

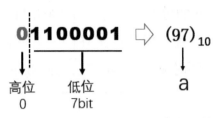

图1-2-6　标准ASCII码表示方法

（2）汉字编码

计算机中汉字的表示采用二进制编码。根据应用目的的不同，汉字编码分为外码、交换码、机内码和字形码。外码就是输入码，如搜狗拼音输入法。计算机内部处理的信息采用二进制代码表示，因此需要将外码与二进制代码进行转换，常用的汉字信息交换码有GB码、BIG码和CJK码等。机内码是让每一个汉字有唯一的二进制码。字形码是汉字的输出方式，包括显示和打印汉字时采用的图形方式。

**讨论活动**

您应该见过表1-2-3中类似的图形符号，它们也是我们生活中常见的编码形式，请讨论它们的应用场景，共同完善空表。

表1-2-3　不同信息编码

| 序号 | 编码形式 | 编码名称 | 应用场景 |
|---|---|---|---|
| 1 | ISBN 978-7-5682-9815-5 （条形码） | | |
| 2 | （二维码） | | |
| 3 | （二维码） | | |

### 5. 数据的存储

数据是以二进制形式存储的。计算机数据运算和存储单位通常包括位、字节、字长。

（1）位

位（bit，简写为 b）也叫二进制位，是信息存储的最小单位，每位能代表一个 0 或 1 的信息。计算机的每个字所包含的位数称为字长。例如 11010100 是一个 8 位二进制。通常说计算机是多少位操作系统，就是指计算机在同一时间能处理多少位二进制数，如计算机是 64 位操作系统，就表示同时能进行 64 位二进制数运算，如图 1-2-7 所示。

图 1-2-7　64 位操作系统

（2）字节

字节（Byte，简写为 B）是信息存储的基本单位。在计算机中，1 B=8 b，即 1 个字节占用 8 个二进制位，1 个字母或数字符号占用 1 个字节，1 个汉字占用 2 个字节。比字节更大的常用单位有千字节（KB）、兆字节（MB）、吉字节（GB）、太字节（TB）等。

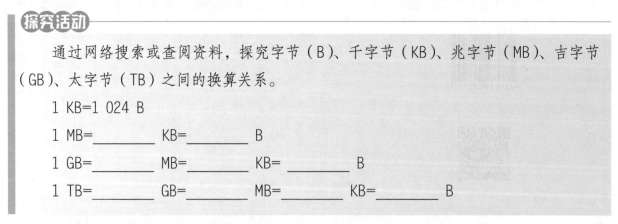

**探究活动**

通过网络搜索或查阅资料，探究字节（B）、千字节（KB）、兆字节（MB）、吉字节（GB）、太字节（TB）之间的换算关系。

1 KB=1 024 B

1 MB=_____ KB=_____ B

1 GB=_____ MB=_____ KB=_____ B

1 TB=_____ GB=_____ MB=_____ KB=_____ B

（3）数据存储的方式与介质

数据以某种格式记录在计算机等电子信息产品内部或外部的存储介质上。数据存储组织方式因存储介质而异，如磁盘是按使用要求采用顺序存取或直接存取方式。数据存储方式与数据文件组织密切相关，其关键在于建立记录的逻辑与物理顺序间的对应关系，确定存储地址，以提高数据存取速度。常见数据存储介质如图 1-2-8 所示。

| 内存 | 硬盘 | 光盘 | U盘 |

图 1-2-8 常见数据存储介质

## 实践操作

### 1. 转换不同数制

（1）数制转换

在计算机等信息系统内部，数据存储、传输和处理时采用不同的数据进制，因此需进行数制转换。常用进制之间的对应关系如表 1-2-4 所示。

表 1-2-4 各进制之间的简单对应关系

| 十进制 | 二进制 | 十六进制 | 十进制 | 二进制 | 十六进制 |
|---|---|---|---|---|---|
| 0 | 0 | 0 | 8 | 1000 | 8 |
| 1 | 1 | 1 | 9 | 1001 | 9 |
| 2 | 10 | 2 | 10 | 1010 | A |
| 3 | 11 | 3 | 11 | 1011 | B |
| 4 | 100 | 4 | 12 | 1100 | C |
| 5 | 101 | 5 | 13 | 1101 | D |
| 6 | 110 | 6 | 14 | 1110 | E |
| 7 | 111 | 7 | 15 | 1111 | F |

①要将十进制数转换为二进制数，采用"除 2 取余，逆序排列"法。如 $(35)_{10}$ 转换为二进制数，得到 $(100011)_2$，如图 1-2-9（a）所示。

②要将二进制数转换为十进制数，首先把二进制数写成加权系数展开式，然后按十进制加法规则求和。如 $(11010110)_2$ 转换为十进制数，得到结果 $(214)_{10}$。转换过程如图 1-2-9（b）所示。

③要将二进制数转换为十六进制数，从右往左 4 位为一组进行分隔，当高位不足 4 位时，用 0 补齐，然后将二进制数转换为对应的十六进制数，再将对应的十六进制数码从左往右写，如图 1-2-9（c）所示。

④要将十六进制数转换为二进制数，先将十六进制数码逐一转换为二进制数，不足4位的，在左侧用0补齐，再将所有二进制数码从左往右写，如图1-2-9（d）所示。

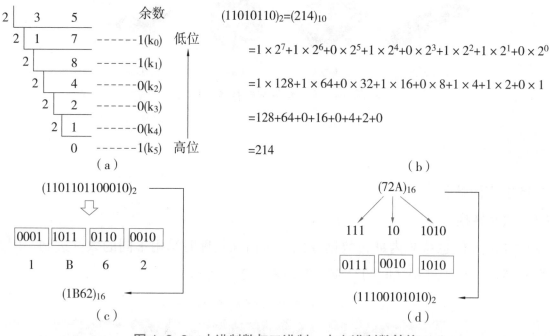

$(11010110)_2=(214)_{10}$

$=1 \times 2^7+1 \times 2^6+0 \times 2^5+1 \times 2^4+0 \times 2^3+1 \times 2^2+1 \times 2^1+0 \times 2^0$

$=1 \times 128+1 \times 64+0 \times 32+1 \times 16+0 \times 8+1 \times 4+1 \times 2+0 \times 1$

$=128+64+0+16+0+4+2+0$

$=214$

图 1-2-9　十进制数与二进制、十六进制数转换

（a）十进制数转换为二进制数；（b）二进制数转换为十进制数；

（c）二进制数转换为十六进制数；（d）十六进制数转换为二进制数

（2）使用计算器转换数制

通过计算机操作系统自带的计算器可以换算不同数制，如十进制转换为二进制。打开"附件"中的"计算器"，将计算器调整到"程序员"或"转换"便可实现数制转换，如图1-2-10所示。

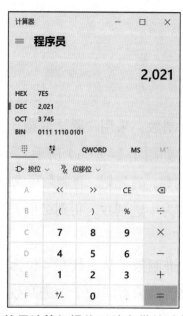

图 1-2-10　使用计算机操作系统自带的计算器转换数制

### 2. 探索数据排序

尝试打开任意电子表格软件，在单元格中依次输入"北京""上海""广州""深圳"，使用数据处理软件排序功能，以"升序"方式排序（图1-2-11），能看到排序后结果为"北京""广州""上海""深圳"。这是因为在计算机中文本排序依据的是文本的 ASCII 码值，而普通汉字以汉语拼音顺序排列。

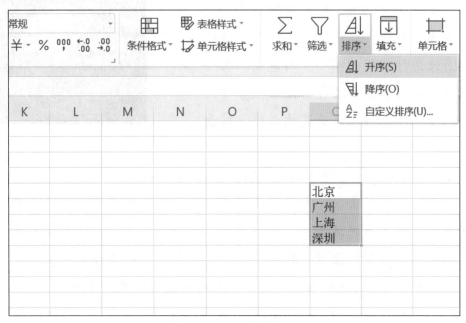

图 1-2-11　数据排序

### 3. 磁盘存储容量大小核实

将任意一款 U 盘插入计算机中，打开"此电脑"，查看 U 盘存储容量。选择 U 盘后，右击鼠标，在快捷菜单中选择"属性"命令，可查看 U 盘容量大小及具体字节数，如图1-2-12 所示。

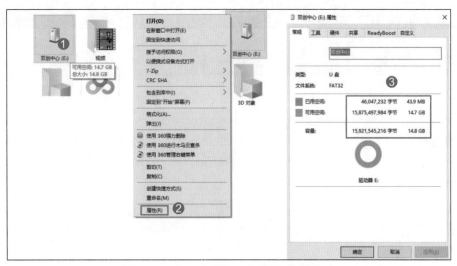

图 1-2-12　查看 U 盘存储容量大小

**拓展延伸**

## 北斗卫星导航系统

2020 年 6 月 23 日 9 时 43 分，我国在西昌卫星发射中心用长征三号乙运载火箭成功发射北斗系统第五十五颗导航卫星，暨北斗三号最后一颗全球组网卫星。至此，北斗三号全球卫星导航系统星座部署比原计划提前半年全面完成。北斗系统是我国自主建设、独立运行的全球卫星导航系统，是全球唯一由三种轨道卫星构成的导航系统，如图 1-2-13 所示。

图 1-2-13　北斗卫星导航系统示意图

北斗卫星导航系统是一个完整的信息系统，由空间段、地面段和用户段三部分组成。北斗卫星导航系统空间段由若干地球静止轨道卫星、倾斜地球同步轨道卫星和中圆地球轨道卫星等组成。北斗系统地面段包括主控站、时间同步/注入站和监测站等若干地面站，以及星间链路运行管理设施。北斗系统用户段包括北斗兼容其他卫星导航系统的芯片、模块、天线等基础产品，以及终端产品、应用系统与应用服务等。

**自我评价**

请根据自己的学习情况完成表 1-2-5，并按掌握程度填涂☆。

表 1-2-5　自我评价表

| 知识与技能点 | 我的理解（填写关键词） | 掌握程度 |
| --- | --- | --- |
| 信息系统及其基本功能 | | ☆ ☆ ☆ |
| 计算机系统的组成 | | ☆ ☆ ☆ |
| 二进制及十进制转换 | | ☆ ☆ ☆ |
| 数据存储单位的关系 | | ☆ ☆ ☆ |
| 常见数据存储介质 | | ☆ ☆ ☆ |
| 收获与心得 | | |

任务 **3** 应用信息技术设备

**任务描述**

学校双创中心有很多信息技术设备，除了台式计算机、笔记本电脑、投影仪等原有设备外，最近还添置了智能电视、智能手表、智能眼镜等新设备，小小希望认识并简单使用它们，争取成为 IT 达人。

信息技术发展迅速，全球信息技术和产品的创新技术层出不穷。目前常见的信息技术设备主要包括计算机类、外围设备、智能穿戴类等。要想使用信息技术设备，就必须了解这些常用设备的组成、性能指标和参数，掌握信息技术设备的连接方法。

**感知体验**

大家知道台式计算机通常由主机、显示器、鼠标、键盘等部件组成，那么神秘的主机里面装了什么呢？同学们可以按图 1-3-1 所示方式将主机箱盖打开，一起查看内部主要部件并查询了解其名称及功能。

图 1-3-1　主机箱

　　信息技术设备（Information Technology Equipment，ITE）是指利用信息技术对信息进行处理的过程中所用到的设备的总称，通常分为计算机类设备、外围类设备、智能穿戴类设备、网络类设备等。

### 1. 计算机类设备

　　随着计算机的发展，其性能越来越强，类别越来越多，计算机可分为个人计算机、移动终端、巨型计算机及嵌入式计算机等类型，最常见的是前两种。这些设备的主要性能指标、构成部件类似，统称为计算机类设备。

　　（1）常用计算机类设备的类型及特点

　　①个人计算机（Person Computer，PC 机）。个人计算机是一种大小、价格和性能适用于个人使用的多用途计算机，包括台式计算机、一体式计算机、笔记本电脑等，如图 1-3-2 所示。

（a）　　　　　　　　　　（b）　　　　　　　　　　（c）

图 1-3-2　常见个人计算机

（a）台式计算机；（b）一体式计算机；（c）笔记本电脑

　　②移动终端。移动终端又称移动通信终端，是可以在移动中使用的计算机设备，主要包括平板电脑和智能手机，如图 1-3-3 所示。

　　（2）计算机类设备的主要部件

　　计算机类设备的主要部件有主板、中央处理器、内存、硬盘等。

（a）　　　　（b）

图 1-3-3　常见移动终端类设备

（a）平板电脑；（b）智能手机

　　①主板。主板又称系统板或母板，是主机箱内最大的一块印刷电路板，几乎所有的硬件设备都和它相连，是计算机硬件系统的核心。在采购主板时，应根据 CPU 型号进行搭配。

　　②中央处理器（CPU）。它是计算机系统的运算和控制核心，其性能决定了整机的性能高低。

　　③内存。内存又称为内存储器或主存储器，用来存放计算机运行期间所需的数据和

程序，其性能决定了计算机整体运行的快慢。

④硬盘。硬盘是计算机的主要外部存储设备，主要有机械硬盘和固态硬盘两种，固态硬盘是未来硬盘的发展趋势。

除了以上部件外，还有显卡、电源、机箱、网卡等部件。

**探究活动**

请在计算机中安装鲁大师软件对计算机进行硬件检查，使用"硬件参数"功能，查看主要部件的性能参数，并通过网络查阅资料了解这些性能指标的含义，完成表1-3-1。

表 1-3-1　计算机硬件评测及主要部件的性能指标

| 部件名称 | 主要指标名称 | 主要指标参数 |
| --- | --- | --- |
| 处理器 | 芯片型号 | |
| | 核心数 | |
| | 基准频率 | |
| 内存 | 类型 | |
| | 容量 | |
| 显卡 | 芯片型号 | |
| | 显存 | |
| 主板 | 芯片组 | |
| 硬盘 | 类型 | |
| | 容量 | |

**2. 外围类设备**

在日常生活中，还会使用到键盘、鼠标、摄像头、打印机、投影仪、数码相机、数码摄像机、复印打印传真一体机、智能家电和安防设备等信息技术产品，如图 1-3-4 所示。关于它们的使用，可通过网络查询或同学互助讨论学习。

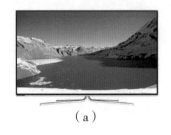   

（a）　　　　　　　（b）　　　　　　　（c）　　　　　　　（d）

图 1-3-4　常见外围设备
（a）智能电视；（b）打印机；（c）投影仪；（d）数码相机

### 3. 智能穿戴类设备

智能穿戴类设备是应用于随身穿戴的智能设备，常见的有智能手环、智能手表、智能眼镜等，如图 1-3-5 所示。随着物联网的发展，智能穿戴类设备被赋予了更多功能，如录音、监控、定位、信息推送、电话、蓝牙等。

（a）　　　　　　　（b）　　　　　　　（c）

图 1-3-5　智能穿戴设备

（a）智能手环；（b）智能手表；（c）智能眼镜

### 4. 网络类设备

网络类设备用于提供网络连接，常用的有路由器、交换机等。有了网络类设备的支持，就可以将其他信息技术设备接入网络，如个人计算机接入互联网就需要宽带路由器等网络类设备。

**讨论活动**

信息技术的发展速度非常快，全球信息技术产品设计朝着人工智能、无线互联、集成化、娱乐化的方向发展。3D 打印机、裸眼 3D LED 显示屏、服务机器人等新信息技术设备逐步出现在我们的身边，如图 1-3-6 所示。同学们畅想一下，未来还会有什么样的信息技术设备来到我们的身边。

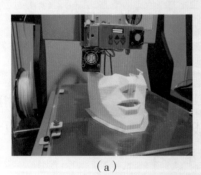

（a）　　　　　　　　（b）　　　　　　　　（c）

图 1-3-6　新信息技术设备

（a）3D 打印机；（b）裸眼 3D LED 显示屏；（c）服务机器人

**实践操作**

### 1. 连接计算机主机与外围设备

连接计算机主机与外围设备的"诀窍"在于：大小方向同，线孔颜色同，凸针对凹孔，遇螺拧一拧。具体连接方法如下：

①观察主机箱背板，认识背板各接口，掌握其特点，如图 1-3-7 所示。

②连接显示器数据线两端，拧紧螺丝；

③观察键盘、鼠标接口，将键盘、鼠标连接在 PS/2 接口或 USB 接口；

④按颜色分类连接音箱和麦克风于音频接口；

⑤将网线连接 在 RJ45 网络接口；

⑥连接显示器、主机电源线；

⑦打开显示器、主机电源开关，测试连接情况。

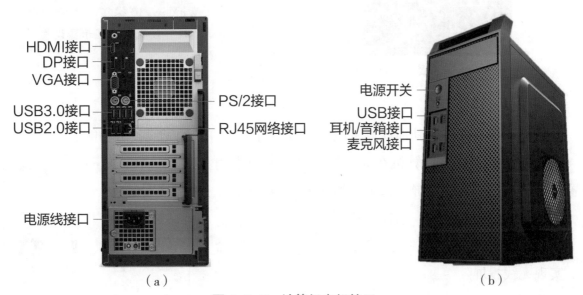

（a）　　　　　　　　　　　　　　　（b）

图 1-3-7　计算机主机接口

（a）主机背面接口;（b）主机正面接口

### 2. 连接计算机与投影仪

将笔记本电脑与投影仪连接，并设置投影方式为"复制"。

①将投影仪通过 VGA 数据线连接到笔记本电脑上的 VGA 接口，如图 1-3-8 所示。

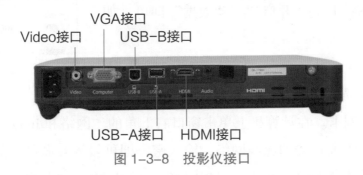

图 1-3-8　投影仪接口

②用遥控器设置投影仪信号源为"VGA"，按笔记本电脑中的 Win + P 组合键，选择投影方式为"复制"，如图 1-3-9 所示。

图 1-3-9　选择"复制"投影方式

可以通过按 Fn 键与 F1~F10 键之一的组合键连接投仪影，由于各笔记本电脑制造商定义的功能不同，选择 F1~F10 键要根据具体情况决定。

通过 Windows 10 操作系统"控制面板"中的显示属性，设置"多显示器设置"也可实现投影功能。

### 3. 设置移动终端投屏

要将移动终端投屏到其他计算机或电视机，可采用自带的无线投屏功能。

①确保移动终端与计算机在同一局域网，下拉常用设置功能，点击"无线投屏"选项，如图 1-3-10 所示。

②搜索能接收的设备，选择设备名。

③单击"连接"命令，在计算机中点击"允许"命令，实现无线投屏。

### 4. 连接无线网络

信息技术设备接入无线网络通常采用移动数据网络接入和 WLAN（无线局域网）接入两种方式。

（1）移动数据网络接入

移动终端需要有手机卡并开通数据流量服务，选择移动终端的顶部下拉开关，开启"移动数据"即可，如图 1-3-11 所示。

（2）WLAN 接入

通过接入无线局域网的方式接入互联网，需要的信息技术设备有无线网卡。在计算机上单击窗口右下角的"网络和 Internet 设置"选项，在弹出的菜单中选择需要连接的无线网络，输入密码即可接入互联网，如图 1-3-12 所示；在移动终端上，依次选择"设置"→"WLAN"，开启"WLAN"之后，选择需要连接的无线网络，输入密码即可接入互联网，如图 1-3-13 所示。

图 1-3-10　移动终端无线投屏设置

图 1-3-11　开启"移动数据"
功能

图 1-3-12　计算机连接
无线网络

图 1-3-13　移动终端连接
无线网络

**拓展延伸**

## 我国信息技术设备研发进入快速发展期

我国的信息技术设备研发进入快速发展期。2002年我国成功制造出首枚高性能通用CPU——"龙芯1号",2005年"龙芯2号"问世,2016年"龙芯3号"研制成功。"龙芯"的诞生,也向世界证明,只要坚持自主研发,进行持续改进,自主研发的国产CPU性能完全可以超过引进技术的CPU,满足自主信息化需求。

我国的超级计算机长期在国际上领先,"银河Ⅱ号""天河二号""曙光系列""神威·太湖之光"(图1-3-14)等系列计算机都已载入我国计算机史发展名册。我国的信息产业进入快速发展阶段。华为公司的5G技术全球领先,北斗导航成功组网运行,大疆无人机全球同行业中领军,量子技术领域已经取得了多项令人骄傲的成绩,"高铁技术""扫码支付""共享单车"和"网络购物"等新的发明无不体现我国信息技术的领先。

图 1-3-14　神威·太湖之光

请根据自己的学习情况完成表 1-3-2，并按掌握程度填涂 ☆。

表 1-3-2　自我评价表

| 知识与技能点 | 我的理解（填写关键词） | 掌握程度 |
| --- | --- | --- |
| 信息技术设备的种类 | | ☆ ☆ ☆ |
| 台式计算机的主要硬件组成 | | ☆ ☆ ☆ |
| 列举 8 种以上常见 IT 产品 | | ☆ ☆ ☆ |
| 计算机主板的作用 | | ☆ ☆ ☆ |
| 信息技术设备最核心部件的名称 | | ☆ ☆ ☆ |
| 内存、硬盘的存储容量单位 TB、GB、MB、KB 之间换算关系 | | ☆ ☆ ☆ |
| 计算机的连接过程 | | ☆ ☆ ☆ |
| 计算机的性能查询方法 | | ☆ ☆ ☆ |
| 收获与心得 | | |

## 任务 ④　　使用操作系统

**任务描述**

小小打开计算机后，首先看到的是计算机的桌面，虽然以前学习过一些基础的操作，但要利用信息技术来解决学习和生活中的问题，就必须熟练使用操作系统。同时，要玩转各种移动终端的不同的操作方式，就必须学会熟练使用操作系统。

信息技术设备是软件和硬件有机结合的产物，了解和使用常用操作系统是使用各类信息技术设备的第一步。认识操作系统，理解操作系统的作用，有助于高效地利用操作系统管理资源，使其发挥最大的作用。

**感知体验**

国家鼓励信息技术自主创新，鼓励中国企业开发基础性的软件、硬件、芯片等，对于从事操作系统、从事信息技术创新应用的厂家有很大的帮助。经过多年的发展，中国在操作系统方面已经实现自主安全。随着研发的不断深入、应用领域的不断扩大，未来国产操作系统必将走入国际主流市场。请你与同学们一起通过网络或资料查询图1-4-1中的常见操作系统的特点和应用场景，并与同学们分享交流。

图 1-4-1　常见操作系统

### 1. 使用操作系统

操作系统（Operating System，OS）是管理和控制计算机硬件与软件资源的计算机程序，是直接运行在硬件上的最基本的系统软件，任何其他软件都必须在操作系统的支持下才能运行。根据支持的设备类型，目前主流的操作系统可以分为桌面操作系统、服务器操作系统和移动终端设备操作系统等。

（1）桌面操作系统

市场上占据主导地位的桌面操作系统是 Windows 系列。此外，Linux 系列和 UNIX 系列的操作系统也在桌面操作系统中占据一定的地位。Linux 系列常见的产品有 Deepin、红旗 Linux、Ubuntu 等，UNIX 操作系统系列最典型的就是苹果公司的 MacOS。

Windows 10 操作系统是由微软公司（Microsoft）开发的操作系统，通常被应用于计算机和平板电脑等设备。Deepin 是武汉深之度科技有限公司发行的 Linux 国产操作系统，具有美观易用、安全可靠等特点。Deepin 和 Windows 10 操作系统的桌面如图 1-4-2 所示。

图 1-4-2　操作系统界面

（a）Deepin；（b）Windows 10

主流桌面操作系统都会有图标、"开始"菜单、快捷菜单、窗口等基本元素，如图 1-4-3~ 图 1-4-5 所示。

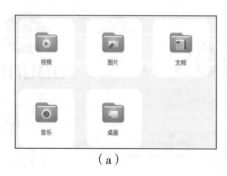
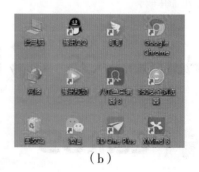

图 1-4-3　操作系统的图标

（a）Deepin；（b）Windows 10

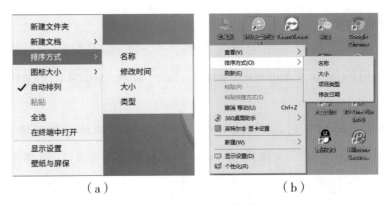

（a）　　　　　　　　　（b）

图 1-4-4　快捷菜单

（a）Deepin；（b）Windows 10

（a）　　　　　　　　　（b）

图 1-4-5　系统的窗口

（a）Deepin；（b）Windows 10

（2）服务器操作系统

服务器操作系统也可以称为网络操作系统，是向网络计算机提供服务的特殊操作系统，除了具备存储管理、处理机管理、设备管理、信息管理和作业管理等功能外，还具有高效、可靠的网络通信能力和多种网络服务能力。

常见的服务器操作系统主要有 Windows Server 系列、Linux 系列、UNIX 系列和 Netware 系列。近年来，国产的 Linux 服务器操作系统的应用也越来越广泛，如优麒麟（Ubuntu Kylin）、银河麒麟、CentOS、Ubuntu 等。优麒麟和银河麒麟系统界面如图 1-4-6 所示。

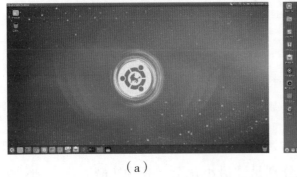

（a）　　　　　　　　　（b）

图 1-4-6　国产系统界面

（a）优麒麟；（b）银河麒麟

（3）移动终端设备操作系统

移动终端设备操作系统通常用于智能手机、平板电脑等设备，目前智能手机的主流操作系统有谷歌公司的安卓（Android）操作系统、苹果公司的 iOS 操作系统和华为公司的鸿蒙操作系统等。

安卓操作系统是一种基于 Linux 内核的自由且开放源代码的操作系统，主要使用于移动设备，如智能手机、平板电脑、电视机等。iOS 操作系统是由苹果公司开发的移动操作系统，除了在 iPhone 手机上使用外，还被应用到 iPad 上。

总之，日常生活中使用的很多信息技术设备，几乎都需要操作系统作为支撑。为此，研发和使用具备自主知识产权的国产操作系统，对于国家信息安全的保障具有重要意义。

### 2. 操作系统的自带程序

操作系统一般都会自带一部分基本的功能软件，便于用户能够完成一些基础性的工作。操作系统都自带文件资源管理、浏览器、文本编辑工具、图形图像工具、音视频播放工具和生活服务工具等程序，但会有所不同。Windows 10、Deepin 和安卓系统自带的常见程序如表 1-4-1 所示。

表 1-4-1　Windows 10、Deepin 和安卓操作系统的常见自带程序

| 类别 | Windows 10 | Deepin | 安卓 |
| --- | --- | --- | --- |
| 文件资源管理 | 资源管理器 | 文件管理器 | 文件管理器 |
| 浏览器 | Edge、Internet Explorer | Chrome | 安卓内置浏览器 |
| 文本编辑工具 | 记事本、写字板 | 编辑器 | 备忘录 |
| 图形图像工具 | 画图、画图 3D、截图工具、照片 | 看图、截图 | 图库、相机 |
| 音视频播放工具 | 录音机、电影和电视、视频编辑器 | 录音、音乐、影院、录屏 | 音、视频播放工具 |
| 生活服务工具 | 闹钟和时钟、日历、天气、地图、计算器 | 日期、计算器 | 时钟、日历、计算器、天气 |

**实践操作**

### 1. 管理操作系统窗口

使用计算机时，用户在登录操作系统后，可双击图标打开程序。程序一般以窗口形式打开，窗口上方为标题栏，标题栏右侧分别是"最小化"、"还原 / 最大化"和"关闭"按钮，如图 1-4-7 所示。

拖动滚动条可显示下方或右侧窗口。单击"最小化"按钮是将窗口隐藏于任务栏，单击任务栏的"程序"按钮还原窗口。单击"最大化"按钮是将桌面空间全部给当前程序，此时，"最大化"按钮将变为"还原"按钮，单击"还原"按钮后，又回到窗口最大化前的状态。单击"关闭"按钮，该程序关闭，从内存中清除程序。

**2. 安装与卸载应用软件**

图 1-4-7　计算机操作系统窗口组成

除操作系统自带的相关应用软件外，很多应用软件需在操作系统中安装和注册后才能使用。要下载与安装应用程序，通常是先在对应的官方网站或系统的应用商店下载专用安装包，再按照向导逐步进行安装，如图 1-4-8 所示。

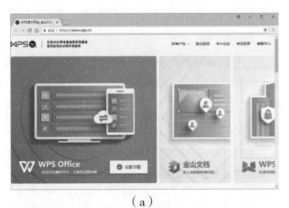

（a）

（b）

（c）

图 1-4-8　应用软件安装

（a）WPS 官方网站；（b）Deepin 系统应用商店；（c）安卓应用市场

当不需要使用相应的应用程序时，可以将该应用程序卸载。要卸载系统上已经安装的应用软件，可以通过系统自带的应用管理工具完成。

### 3. 维护操作系统

（1）安装与卸载驱动程序

驱动程序的全称为设备驱动程序（Device Driver），是一种用于操作系统和硬件设备通信的程序，只有借助驱动程序，两者才能通信并完成特定的功能。驱动程序在操作系统中十分重要，如果某个硬件设备未正确安装驱动程序，这个硬件设备将不能正常工作。

当前的主流操作系统大多数都能够自动适配和支持各类常见硬件设备，当这些硬件设备连接计算机后，操作系统会自动安装相应的驱动程序。但部分特定的设备就需要单独安装驱动程序，如新安装的扫描仪、打印机等外围设备，就需要单独安装驱动程序才能正常使用。

如需单独下载和安装驱动程序，可以到硬件设备对应的官方网站下载，且在下载的时候注意驱动程序的安装包要与操作系统的类型相匹配。下载完毕以后，即可按照软件安装类似的方法进行安装。如需卸载驱动程序，其方法也与软件卸载的方法类似。

（2）更新操作系统

由于操作系统在不断地优化系统，因此需对操作系统进行实时更新。操作系统的更新操作方法如图 1-4-9 所示。

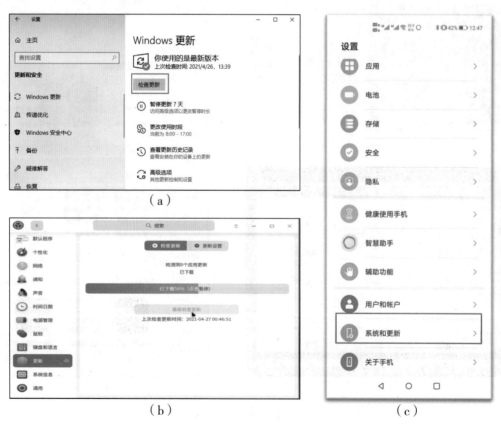

（a）

（b）　　　　　　　　　　（c）

图 1-4-9　操作系统的更新

（a）Windows 10；（b）Deepin；（c）安卓

如果计算机等设备的操作系统出现不能正常使用的情况，则可以重新安装操作系统。安装操作系统的方法有很多种，一般是通过正常安装程序，按其安装向导逐步操作完成。由于操作步骤较多，可以利用网络资源进一步学习。另外，移动终端在出厂前都对操作系统进行了备份，也可以对操作系统进行重置，但重置系统后的用户数据会丢失。

### 4. 输入文字

文字的输入与处理是各类信息技术设备的重要功能。掌握文字的输入方法，对提高输入效率有着非常大的帮助。

#### （1）键盘输入字符

在使用计算机时，需要使用键盘输入不同字符。为了提高键盘的输入速度，规范操作，通常将双手的十个手指进行分工，每个手指负责键盘上的一个对应区域，如图1-4-10所示。

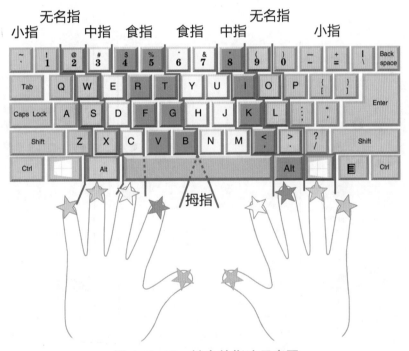

图1-4-10　键盘的指法示意图

在进行文字输入时，通常需要输入英文字母、数字、符号和汉字等。英文字母、数字和各种符号可直接用键盘输入，而中文字符输入必须借助相应的输入法才能实现。目前，中文操作系统都内置了相应的中文输入法，也可以下载并安装其他中文输入法程序，如拼音输入法、五笔输入法等。

拼音输入法不需要进行特殊的记忆，只要输入拼音字母，即可实现汉字的输入。五笔输入法是一种对字形进行编码的输入法，使用五笔输入法必须以字根作为基础，熟练掌握以后输入效率非常高。

在进行字符输入的时候，要注意全角字符和半角字符的区别，全角字符占用 2 个字符位置，半角字符占用 1 个字符位置。在输入字符时，要特别注意标点符号、特殊符号等的全角或者半角输入状态。一般使用 Ctrl+Shift 组合键切换不同输入法。选择 ☽ ◦◦ 方式为中文标点， ☽ ◦◦ 为英文标点方式。

（2）移动终端输入文字

在移动终端设备上，可以使用九宫格布局的虚拟键盘输入，也可以使用手写等方式输入，如图 1-4-11 所示。

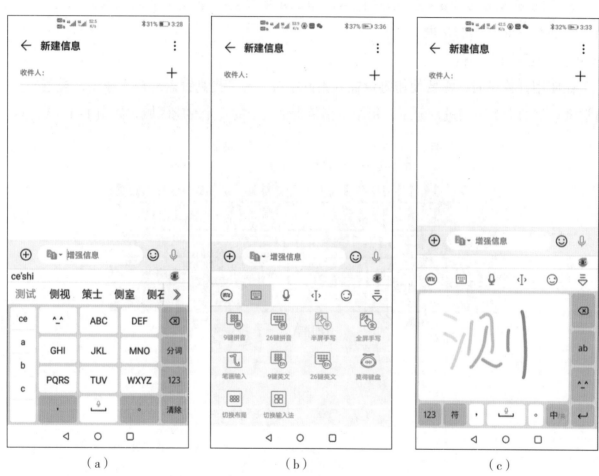

（a） （b） （c）

图 1-4-11　移动终端设备字符输入

（a）九宫格拼音输入；（b）切换输入方式；（c）手写输入

除了可以使用键盘对文字进行输入外，还可以使用语音输入。如讯飞输入法的语音输入功能，不但支持普通话的识别输入，还可以设置支持不同方言、外语的识别输入，如图 1-4-12 所示。

在某些特定的场景，使用光学识别输入文字的效率比其他输入方式的更高，这时就可以使用相应的光学识别输入方法来提高效率。如使用腾讯 QQ 截图以后，点击工具栏中的"屏幕识图"按钮，就可以实现光学字符识别（Optical Character Recognition，OCR）输入的功能，如图 1-4-13 所示。

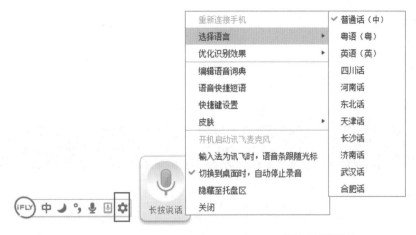

图 1-4-12 讯飞输入法语音识别输入功能的设置菜单

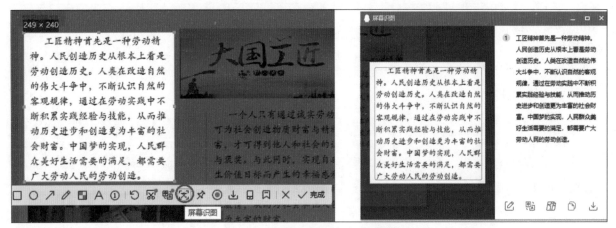

图 1-4-13 腾讯 QQ 的屏幕识图界面

**拓展延伸**

## 我国首个量子计算机操作系统发布

2021 年 2 月 8 日，我国首个国产量子计算机操作系统正式发布（图 1-4-14），该系统全面超越现有产品（例如英国 Deltaflow.OS 量子计算机操作系统，奥地利 ParityOS 量子计算机操作系统），实现了量子资源系统化管理、量子计算任务并行化执行、量子芯片自动化校准等全新功能，标志着国产量子软件研发能力已达国际先进水平。

当前，量子力学已经成为世界科技研究的一大热点。量子力学的发展催生了量子计算、量子通信和量子测量三大领域。其中，量子计算相较于经典计算，在算力上具有颠覆性。全球主要国家高度关注量子计算的发展，纷纷加大政策和资金支持，力争抢占新兴信息技术制高点。

图 1-4-14 "本源司南"量子计算机操作系统

请根据自己的学习情况完成表 1-4-2，并按掌握程度填涂☆。

表 1-4-2    自我评价表

| 知识与技能点 | 我的理解（填写关键词） | 掌握程度 |
| --- | --- | --- |
| 操作系统的作用 | | ☆ ☆ ☆ |
| 列举 3 种主流操作系统 | | ☆ ☆ ☆ |
| Windows 10 操作系统中窗口的操作 | | ☆ ☆ ☆ |
| 驱动程序的安装 | | ☆ ☆ ☆ |
| 更新操作系统 | | ☆ ☆ ☆ |
| 收获与心得 | | |

任务 **5** 管理信息资源

**任务描述**

学校双创中心成立了一家模拟公司，指导教师安排小小负责"公司"的行政管理和档案管理，并使用计算机规范管理信息资源。小小在初中阶段虽然学习了一些文件管理的知识，但看了双创中心指导老师给他们提出的各类业务工作职场规范后，她发现自己的知识还欠缺不少。因此，她必须继续学习相关知识，以便按照"公司"管理规范来管理计算机和手机上的信息资源。

在信息技术设备中，文字、图形、图像、声音、动画和视频等资源都是以文件形式出现的。这些文件在系统中被放置于不同的文件夹。信息资源管理是操作系统的一项重要功能，规范管理计算机和手机上的信息资源，就必须掌握信息资源的相关知识，包括文件及文件夹的命名方式、显示方式；文件及文件夹的创建、复制、移动、修改、压缩、检索、快捷方式等。

**感知体验**

### 查找字体文件

计算机应用专业的小王同学负责双创中心文档的图文编辑工作，小小不明白为什么小王同学的计算机中的文档字体很多，而且很切合文档主题需要，而自己的计算机中的字体却很少。小王同学告诉她，这是因为她的计算机中的字体文件不全，需要安装字体。

打开"此电脑"，选择操作系统所在磁盘，如C盘，双击打开该磁盘，在右上角输入字体文件名关键词，如"书体"，系统查找所有与该关键词有关的文件，搜索的结果中没有小小喜欢的"书体坊米芾体"文件。要设置该字体，需到字体官方网站下载并安装该字体，如图1-5-1所示。

请同学们使用上述方法查一查你的计算机中有没有你喜欢的字体。

图1-5-1 查找字体文件

#### 1. 文件和文件夹

文件是存储在磁盘上以文件名标识的信息的集合，这种信息可以是数值数据、图形、图像、声音、视频或应用程序，文件的内容不同，其类型也不同。

文件夹也叫目录，它是存放文件的区域。文件夹主要用来存放、组织和管理具有某种关系的文件和文件夹。它既可包含文件，也可包含其他文件夹。同一类型的文件可以保存在一个文件夹，或者根据用途将文件存在一个文件夹中。

（1）文件与文件夹命名规则

文件的名称是存取信息的标志，由文件名和扩展名两部分组成。文件名是人为对信息的命名，文件扩展名表示文件的类型。

如某文件的名称为"2021年公司员工绩效表.xls"，其文件名为"2021年公司员工绩效表"，文件扩展名为".xls"，该文件表示一个文件名为"2021年公司员工绩效表"的电子表格文件，如图1-5-2所示。

图1-5-2　文件的名称

不同操作系统对文件命名的规则略有不同，在Windows操作系统中，文件名称规则一般如下：

①文件名最多可使用255个字符。用汉字命名，最多可以使用127个汉字，英文不区分大小写。

②文件名字符可以是空格，文件的基本名和扩展名可以是英文字母、数字、汉字、空格等特殊字符，但是不能出现 \、/、:、*、?、"、<、>、| 等字符。

③在同一文件夹中，不能有同名的文件或文件夹；在不同的文件夹中，文件或文件夹名可以相同。

文件或文件夹有只读属性和隐藏属性。请打开使用的计算机，随意查看5个文件或文件夹的属性，如图1-5-3所示，并了解这两种属性都有哪些特性。

图1-5-3　文件属性

（2）常见文件类型

信息系统中常见的文件类型有应用程序、文本文件、支持文件、图像文件等，它们是构成信息系统的基础。文件扩展名表示文件的类型，扩展名都有特定的含义。操作系统中常用的文件类型、作用及扩展名如表 1-5-1 所示。

表 1-5-1　操作系统中常用的文件类型、作用及扩展名

| 文件类型 | 作用 | 扩展名 | 适用操作系统 |
| --- | --- | --- | --- |
| 应用程序 | 可执行文件，单击它就可以执行相应的任务 | .exe、.com 等 | Windows 操作系统 |
|  |  | .apk | 安卓操作系统 |
|  |  | .ipa | iOS 操作系统 |
| 文本文件 | 存放文字信息 | .txt | 所有操作系统 |
| 图像文件 | 存放图像信息 | .bmp、.gif、.jpg、.tga 等 | 所有操作系统 |
| 多媒体文件 | 存放音视频信息 | .wav、.mid、.mp3、.mov 等 | 所有操作系统 |
| 字体文件 | 存放字体信息 | .fon、.ttf 等 | 所有操作系统 |
| 数据文件 | 存放按照某种关系联系在一起的信息 | .dbf、.mdb、.db 等 | 所有操作系统 |
| 办公软件文件 | 用户办公文档 | .doc、.xls、.ppt、.docx、.xlsx、.pptx 等 | 所有操作系统 |

（3）文件目录结构

文件夹中包含的文件夹通常称为"子文件夹"。为了方便、有效地管理文件，可以将同类文件或相关文件集中地放在一个文件夹中，这样就使得所有的文件夹形成了一种树状层次目录结构，如图 1-5-4 所示。

（4）文件与文件夹的查看与排序

为方便计算机用户操作文件，操作系统会提供几种不同方式显示文件和文件夹。右击鼠标，选择快捷菜单中的"查看"命令，可看到相应的显示方式，如图 1-5-5、图 1-5-6 所示。

图 1-5-4　文件夹（树状层次目录结构）

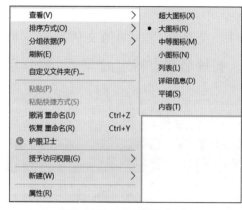

图 1-5-5　查看方式

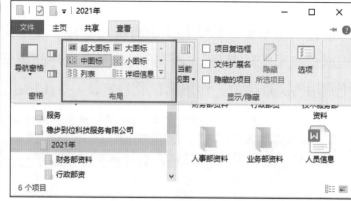

图 1-5-6　不同显示方式

由于文件较多，要查找某个文件的难度较大，可将文件按名称、修改日期、类型、大小、递增或递减排列，如图 1-5-7 所示。

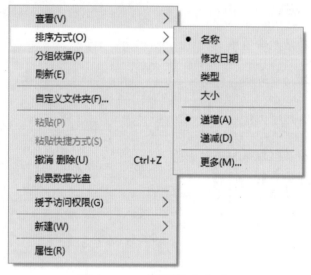

图 1-5-7　不同排序方式

### 2. 检索文件或文件夹

计算机用户在管理文件过程中经常会出现不知文件放在哪儿的情况，此时计算机信息检索功能能够帮助我们迅速找到或者定位文件或文件夹所在的位置。

（1）检索方式

检索文件或文件夹可以通过文件名字符、修改日期、大小、类型等方法。在搜索框中输入文件或文件名的全称或部分关键字，计算机系统会自动在选定的文件夹中搜索符合要求的文件或文件夹。

（2）通配符检索

在检索过程中，会使用某一类或文件名有一定规律的文件，这时可以使用通配符。

通配符可以代表一个或一串字符。在 Windows 操作系统中经常使用的两个通配符是问号（？）和星号（*）。符号"？"代表一个字符，而符号"*"代表一串字符，如"*.？

x？"表示所有扩展名的第 2 个字符为"x"的文件；"*.jpg"表示所有扩展名为".jpg"的文件，即图像文件。

**探究活动**

文件或文件夹进行复制、移动或删除等操作时，必须先选择文件或文件夹。请在计算机上探索表 1-5-2 中不同的操作方式下得到的操作结果。

表 1-5-2　文件和文件夹选择方式

| 操作方式 | 操作结果 |
|---|---|
| 直接单击某文件或文件夹 | 选中一个文件或文件夹 |
| 先选择第一个要选择的文件或文件夹，然后按住 Shift 键，再单击最后一个文件或文件夹 | |
| 先按住 Ctrl 键，再逐个单击要选择的文件或文件夹 | |
| 按下 Ctrl+A 组合键 | |
| 单击已选择的文件或文件夹 | |

**实践操作**

**1. 管理文件和文件夹**

文件系统对诸多文件及文件夹的存储空间和资料进行统一管理，为每个文件分配必要的外存空间，不仅能提高外存的利用率，还有助于提高文件系统的运行速度。

（1）新建文件夹和文件

为了分类保存文件，可以在磁盘或文件夹的某个位置创建文件和文件夹。

在资源管理器的导航窗格中，确定将创建文件或文件夹的路径，使用以下任一种方式创建文件或文件夹。

方式1：单击工具栏上的"新建文件夹"按钮。

方式2：在窗口工作区空白处右击鼠标，在快捷菜单中执行"新建"→"文件夹"命令。

例如，在 D 盘路径下新建文件夹，先选择 D 盘，再右击鼠标，操作方法如图 1-5-8 所示。

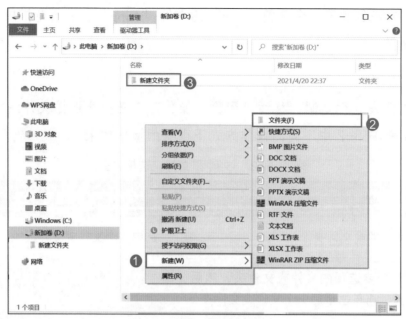

图 1-5-8  创建文件夹

（2）复制、移动文件或文件夹

计算机用户经常要对文件或文件夹进行复制、移动操作。复制、移动是指把文件或文件夹从源文件夹移到另一个目标文件夹中，方法有以下几种。

方式 1：使用快捷菜单。选定要移动或复制的文件或文件夹，右击鼠标，选择快捷菜单中的"剪切"或"复制"命令，打开目标位置，空白处右击鼠标，选择快捷菜单中的"粘贴"命令。

方式 2：使用快捷键。选定要移动或复制的文件或文件夹，按 Ctrl+X 或 Ctrl+C 组合键，再选择目标磁盘或文件夹，按 Ctrl+V 组合键，完成文件或文件夹的移动或复制。

方式 3：使用鼠标拖动。先选中要复制或移动的文件或文件夹，把它拖动到指定文件夹，当文件夹以反蓝显示时，释放左键，选中的文件或文件夹移动到指定文件夹。如果按住 Ctrl 键时拖动鼠标左键，则选中的文件或文件夹复制到指定文件夹。

剪贴板（ClipBoard）是信息系统中一块可连续的、可随存放信息的大小而动态调整的内存区域，主要用于临时存放交换信息。剪贴板可以进行复制、剪切、粘贴等操作，复制是指将对象复制到剪贴板，剪切是将对象移动到剪贴板，粘贴是将剪贴板中的对象复制或移动到目标区域。

（3）重命名文件或文件夹

先选择要重命名的文件或文件夹，再按以下几种方式操作。

方式 1：使用鼠标。单击选择的对象文件名，进入文件名编辑状态，输入新名，按 Enter 键或单击空白处。

方式 2：使用热键。按 F2 键，进入文件名编辑状态，输入新名，按 Enter 键或单击空白处。

方式 3：使用快捷菜单。右击鼠标，选择快捷菜单中的"重命名"命令，进入文件名编辑状态，输入新名，按 Enter 键或单击空白处。

例如，使用快捷菜单方式将图 1-5-8 所示的新建文件夹重新命名为"稳步到位科技服务有限公司"，操作方法如图 1-5-9 所示。

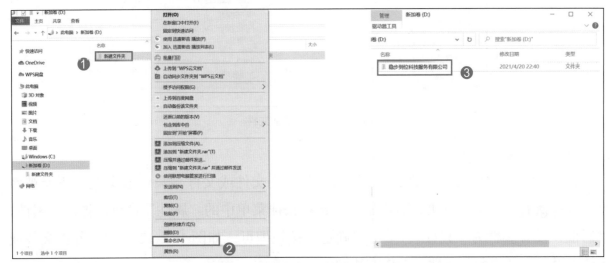

图 1-5-9　使用快捷菜单修改文件夹名称

用同样的操作方法在"稳步到位科技服务有限公司"文件夹中创建子文件夹，结构如图 1-5-10 所示。

图 1-5-10　文件夹及子文件夹结构

（4）删除文件或文件夹

要删除文件或文件夹，需先选定要删除的文件或文件夹，再按以下几种方式操作。

方式 1：使用快捷菜单。右击鼠标，选择快捷菜单中的"删除"命令。

方式 2：使用 Delete 键或 Backspace 键。

例如，使用快捷菜单删除"2021 年"文件夹中的"人员信息 .doc"文件。选择要删除的文件或文件夹，右击鼠标，选择快捷菜单中的"删除"命令，操作方法如图 1-5-11 所示。用同样的方法可删除其他重复的文件。

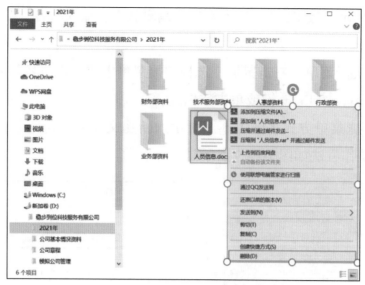

图 1-5-11　删除文件

（5）设置文件或文件夹属性

若将文件或文件夹的属性设置为"只读"，则文件或文件夹只能被浏览，不能被修改。选择所有文件或文件夹，右击鼠标，选择快捷菜单中的"属性"命令，弹出"属性"对话框，设置属性为"只读"，单击"确定"按钮即可，如图 1-5-12 所示。若将文件或文件夹设置为"隐藏"属性，操作方法同上。

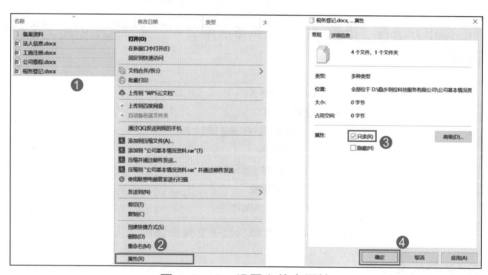

图 1-5-12　设置文件夹属性

### 2.检索信息资源

（1）通配符检索

在 Windows 操作系统中，输入通配符检索文件，能检索某一特征的文件，如"王总*"表示文件名包含"王总"的所有文件，如图 1-5-13（a）所示。如果搜索到的文件太多，只记得文件修改日期为上月的，可在"搜索"选项卡中选择"修改日期"为"上月"，如图 1-5-13（b）所示。

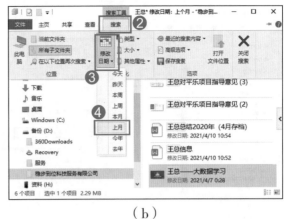

（a） （b）

图 1-5-13 文件和文件夹检索

（a）按照文件名字符检索；（b）按照修改日期再次检索

（2）移动终端检索信息

在移动终端中，选择"文件管理"工具，确定检索位置，在搜索框中输入要检索的文件名。"文件管理"工具搜索的文件如图 5-1-14 所示。

图 1-5-14 移动终端检索文件

### 3. 压缩、加密与备份信息资源

（1）压缩信息资源

压缩软件是指可以对文件或文件夹等信息资源进行压缩的文件管理工具。文件或文件夹经过压缩后，得到的文件大小要比原来的小，以减少磁盘的空间占用。常用的免费或开源压缩软件有 WinRAR、7-Zip 等。

例如，使用 WinRAR 软件对"公司基本情况资料"文件夹子目录中的文件和文件夹进行压缩处理。选择需要压缩的文件或文件夹，右击鼠标，选择快捷菜单中的"添加到×××.rar"压缩方式，完成文件或文件夹压缩，如图 1-5-15 所示。

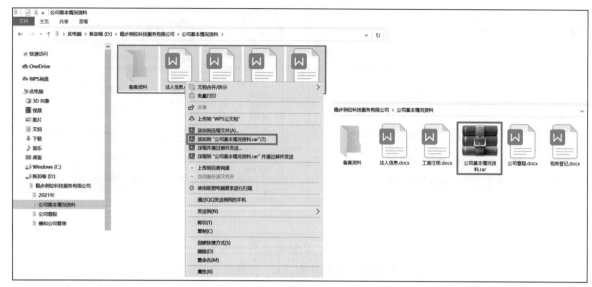

图 1-5-15　压缩文件

要解压缩文件，需先选择压缩文件，右击鼠标，选择快捷菜单中的"解压文件"命令，弹出"解压路径和选项"对话框，选择路径，单击"确定"按钮，完成解压缩过程，如图 1-5-16 所示。

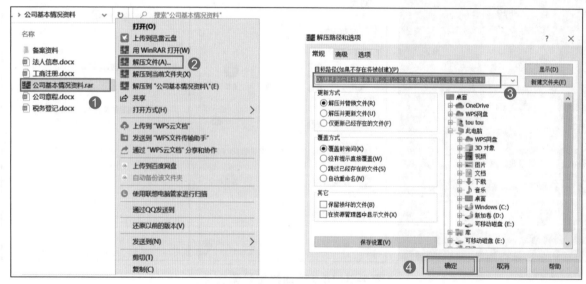

图 1-5-16　解压文件

（2）加密信息资源

加密主要是为了保护信息资源的安全，可以在压缩的同时对文件或文件夹进行加密。常用的压缩工具大多具备对压缩文档进行密码加密的功能。

例如，对"公司基本情况资料"文件夹在压缩的同时进行加密。选择需要压缩的文件夹，右击鼠标，选择快捷菜单中的"添加到压缩文件"命令，在"压缩文件名和参数"对话框中单击"设置密码"按钮，弹出"输入密码"对话框，输入密码，单击"确定"按钮，如图 1-5-17 所示。

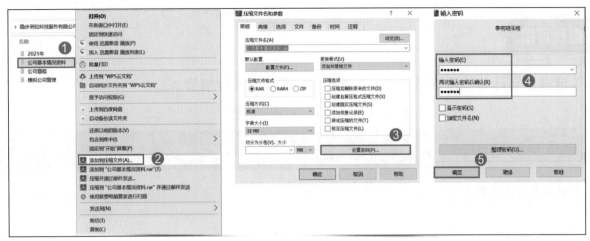

图 1-5-17 加密文件

（3）备份信息资源

所谓备份信息资源，是指把一组文件、文件夹或系统设置数据保存在一个备份文件中，通常这个备份文件和原文件保存在不同的磁盘上。

备份信息资源通常是将信息资源备份到光盘、硬盘或网络云盘。使用刻录软件可将需备份的信息资源保存到光盘中，详细操作方法可通过网络查询。备份信息资源到硬盘则是直接将文件或文件夹复制到硬盘中，再将硬盘妥善保管，放置在防潮、防尘、防高温的环境中。

操作系统一般是通过创建系统映像文件进行备份，系统映像是驱动器的精确映像。如果硬盘或计算机无法工作，则可以使用系统映像来恢复计算机的内容。系统备份与恢复如图 1-5-18、图 1-5-19 所示。

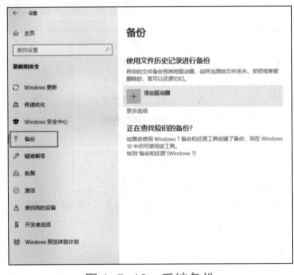

图 1-5-18 系统备份

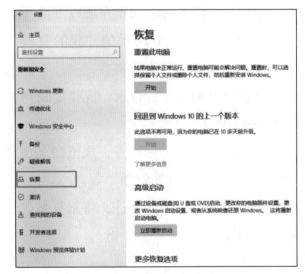

图 1-5-19 系统恢复

除了操作系统自带的备份与恢复功能外，还有一些还原软件也具备此功能，使用起来简单方便，如一键还原精灵等。

请根据自己的学习情况完成表 1-5-3，并按掌握程度填涂☆。

表 1-5-3　自我评价表

| 知识与技能点 | 我的理解（填写关键词） | 掌握程度 |
| --- | --- | --- |
| 文件和文件夹的概念 | | ☆ ☆ ☆ |
| 文件和文件夹的命名规则 | | ☆ ☆ ☆ |
| 文件和文件夹管理的方法 | | ☆ ☆ ☆ |
| 信息资源的检索方式 | | ☆ ☆ ☆ |
| 信息资源压缩、加密与备份方法 | | ☆ ☆ ☆ |
| 收获与心得 | | |

**举一反三**

请根据本任务所学知识完成以下操作：

①根据图 1-5-20 所示的"我的资料"文件夹结构，在 U 盘创建文件夹。

②将自己的照片、音乐、视频复制到 U 盘指定文件夹中。

③根据文件的内容特点，规范命名文件，如"20210221 春节参观博物馆"等。

④整理文件夹中的文件，将重复的照片、音乐文件删除。

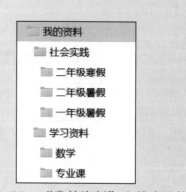

图 1-5-20　"我的资料"文件夹结构

任务 6 　　　　　维护信息系统

**任务描述**

在双创中心，小小使用的是一台公用计算机，指导老师建议她设置一个自己的独立账户，在多人使用该计算机时互不影响。另外，小小在使用计算机时，计算机出现启动时间过长、卡顿不流畅及蓝屏问题，急需对电脑系统进行必要的维护。

现今，计算机已经成为人们生活中不可缺少的工具。但由于计算机本身的质量问题，用户维护或操作不当等原因，计算机经常会出现各种各样的问题。所以，了解信息系统的相关知识，掌握测试与维护信息系统的方法，利用系统和软件自带的"帮助"功能可以优化系统，让系统运行快速、方便、安全。

**感知体验**

### 查询计算机配置信息

将光标移至"此电脑"，右击鼠标，选择快捷菜单中的"属性"命令，打开"系统"窗口，查询到计算机的操作系统为"Windows 10 家庭中文版"，同时也查询到处理器型号、内存大小和系统类型，如图1-6-1所示。

图 1-6-1　查询计算机系统信息

请同学们按照上面的方法查一查自己计算机的基本配置。

### 1. 用户及用户管理

当多个用户共用一台计算机时，容易给各个用户的信息安全与管理带来安全隐患。要解决这个问题，可为每个用户建立单独的用户账户，让账户与用户一一对应。可通过系统内的访问控制功能来限制用户存取访问数据及修改系统设置。不同的操作系统有不同的管理方式：

（1）Windows 操作系统用户及用户管理

常用的 Windows 操作系统中有管理员、标准用户和来宾 3 种不同类型的用户，每种用户账号类可为不同类型用户提供不同的计算机控制级别。管理员账号对计算机拥有最高的控制权限，标准用户账户是正常使用计算机时常用的账户，来宾账号主要供需要临时访问计算机的用户使用。在默认情况下，来宾账号是关闭的。三种账号权限及功能如图 1-6-2 所示。

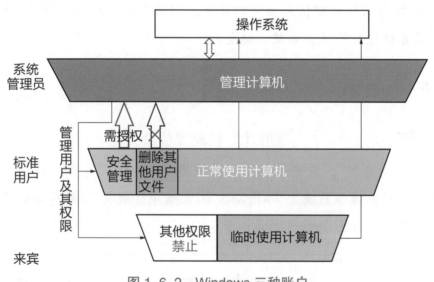

图 1-6-2　Windows 三种账户

（2）Linux 操作系统用户及用户管理

Linux 操作系统是一种多用户、多任务的操作系统，即同一时间内，允许有多个用户同时登录同一台计算机，运行各自的一个或多个任务，各个用户之间并不一定能明确地感知到其他用户的登录操作。其用户系统由用户（User）和用户组（Group）组成，特权用户 root 是 Linux 系统创建的时候默认创建的管理员账号，其他普通账号由 root 创建。Linux 系统允许把具有相同特征的一类（或多个）用户划分到一个组里，形成一个集合体，即用户组，如图 1-6-3 所示。

（3）移动终端操作系统用户及用户管理

Android 操作系统常用于移动设备，Android 操作系统有机主和访客模式，访客模式是一个选项，可让用户隐藏自己的所有东西，但仍保持手机正常运行。 当切换到访客模式时，将隐藏所有应用程序、历史记录、图片、消息等，同时，允许其他人使用您的手机。

关于 iOS 操作系统，可查询 iOS 操作系统官方网站了解用户管理信息。

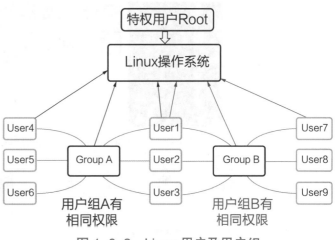

图 1-6-3　Linux 用户及用户组

### 2. 信息系统测试与维护

在实际工作中，信息技术设备的日常测试与维护必不可少。不定期测试其性能，如运行速度、安全性等，可了解信息技术设备的运行情况。

可以借助软件对信息技术设备进行日常维护工作。针对 Windows 操作系统，有系统自带的磁盘清理工具、碎片整理程序等，还有金山卫士、腾讯电脑管家、360 安全卫士、鲁大师等软件；针对 Linux 操作系统的优化和监控工具有 Stacer 等；针对移动终端 Android 系统优化的有手机管家、360 优化大师、腾讯手机管家等软件，如图 1-6-4 所示。图 1-6-5 所示为使用 360 安全卫士对 Windows 操作系统进行检测的界面。

（a）　　　　　（b）　　　　　（c）　　　　　（d）

图 1-6-4　系统测试与维护常用软件
（a）磁盘清理工具；（b）360 安全卫士；（c）腾讯电脑管家；（d）Stacer

　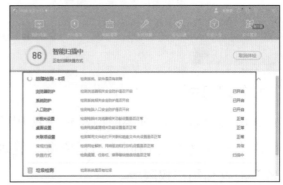

图 1-6-5　系统检测

### 3. "帮助"功能

在使用一般应用软件和操作系统的具体程序时，会遇到各种各样的问题，一般的应用程序都自带了"帮助"功能，可以通过按功能键 F1 或使用系统的菜单命令"帮助"来获取软件的操作说明，如图 1-6-6、图 1-6-7 所示。

图 1-6-6　Windows 操作系统和应用软件的"帮助"功能

图 1-6-7　移动终端"12306"APP 的帮助信息

**探究活动**

Windows 操作系统提供了丰富的帮助文件系统，能够帮助用户更好地熟悉应用程序，指导相关的操作方法。请探索在 Windows 操作系统中获取帮助的其他方法。

**实践操作**

### 1.管理用户

在信息系统中，为保证信息资源使用的安全性，需进行用户权限设置。通过设置用户权限来指定用户可访问的信息资源。管理用户主要包括新建用户，删除用户，修改用户名、密码和用户权限等。

（1）创建新用户

在 Windows 10 操作系统中单击"开始"按钮，打开"设置"对话框，执行"账户"→"家庭和其他用户"命令，打开"家庭和其他用户"对话框，如图 1-6-8（a）所示。另外，也可以在任务栏搜索框中输入"创建用户"关键词打开"账户"命令，如图 1-6-8（b）所示。

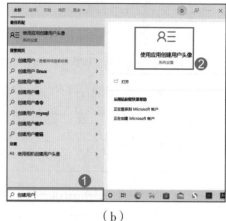

（a） （b）

图 1-6-8 打开"家庭和其他用户"对话框

（a）家庭和其他用户管理；（b）添加用户头像

单击"将其他人添加到这台电脑"命令，打开"此人将如何登录"对话框，执行"我没有这个人的登录信息"→"添加一个没有 Microsoft 账户的用户"命令，在打开的"为这台电脑创建用户"对话框中依次输入用户名、密码信息，单击"下一步"按钮，即可完成新用户的创建。实施步骤如图 1-6-9 所示。

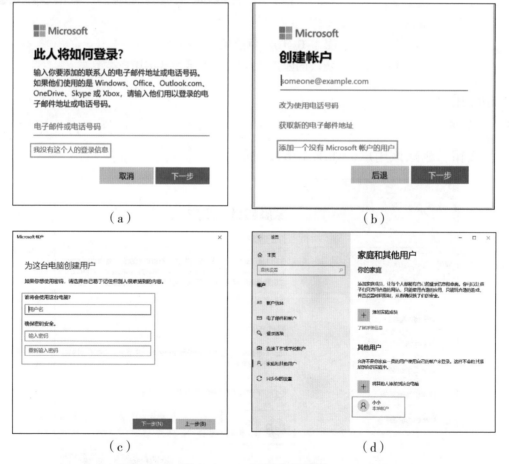

图 1-6-9 新用户的创建

（a）登录账户信息；（b）创建账户；（c）确定用户名和密码；（d）创建成功

（2）更改用户类型

如果一个账户是标准用户类型，可以将其更改为管理员；如果是管理员账户，可以将其修改为标准用户类型。在 Windows 10 系统设置中打开"设置"对话框，执行"账户"→"家庭和其他用户"→"更改账户类型"命令，在打开的"更改账户类型"对话框中选择"管理员"或"标准用户"后，单击"确定"按钮，即可完成用户类型重新设定，如图 1-6-10 所示。

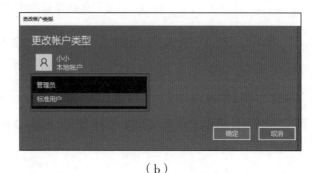

（a）                                          （b）

图 1-6-10   更改用户类型

（a）选择要更改的账户名;（b）选择要更改的用户类型

（3）删除用户

选择"管理员"登录后，在"控制面板"→"账户"中，选择不再使用的账户，单击"删除"按钮，删除该用户，如图 1-6-11 所示。

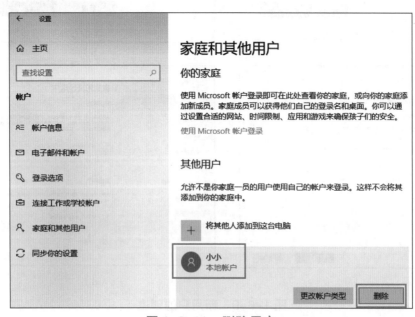

图 1-6-11   删除用户

### 2. 测试与维护系统

（1）测试系统

在 Windows 操作系统中，可以使用自带测试工具和 360 安全卫士、鲁大师等第三方工具对系统进行系统性能、硬件运行情况等测试。

按 Ctrl+Alt+Del 组合键，弹出"任务管理器"窗口，打开"性能"选项卡，可测试系统硬件运行情况，如图 1-6-12 所示。

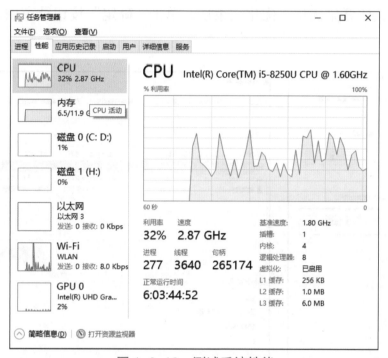

图 1-6-12　测试系统性能

要测试网络速度，可使用 360 安全卫士，如图 1-6-13 所示。

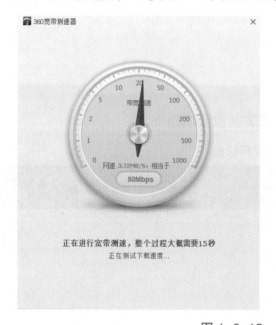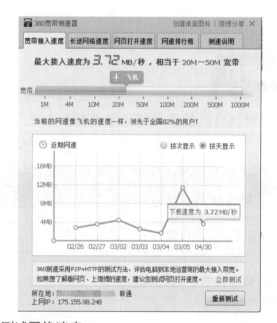

图 1-6-13　测试网络速度

（2）整理磁盘碎片

长期使用计算机后，磁盘会产生碎片和凌乱的文件，需整理磁盘碎片，以提高电脑的整体性能和运行速度。在此以 Windows 10 系统自带的碎片整理工具为例，对计算机 C 盘进行整理。

打开"此电脑"，选择 C 盘，右击鼠标，执行"属性"命令，在弹出的对话框中，在"工具"选项卡中单击"优化"按钮，打开"优化驱动器"对话框，选择要优化的磁盘，再单击"优化"按钮开始优化，优化结束后，单击"确定"按钮结束磁盘碎片整理，如图 1-6-14 所示。

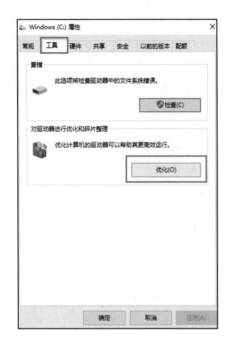

图 1-6-14　磁盘碎片整理

请根据自己的学习情况完成表 1-6-1，并按掌握程度填涂☆。

表 1-6-1　自我评价表

| 知识与技能点 | 你的理解 | 掌握程度 |
| --- | --- | --- |
| 用户管理及权限设置方法 | | ☆ ☆ ☆ |
| 操作系统自带工具进行系统测试的方法 | | ☆ ☆ ☆ |

续表

| 知识与技能点 | 你的理解 | 掌握程度 |
|---|---|---|
| 常用工具进行系统测试与维护的方法 | | ☆ ☆ ☆ |
| 磁盘碎片整理的方法 | | ☆ ☆ ☆ |
| 操作系统和应用软件帮助工具的使用方法 | | ☆ ☆ ☆ |
| 收获与心得 | | |

**举一反三**

1. 在 Windows 10 操作系统中增加用户"happy"，密码自定，并设置其为系统管理员。

2. 在 Windows 10 操作系统中使用"帮助"等命令添加打印机。

3. 在 Windows 10 操作系统中安装"鲁大师"，并对计算机性能进行测试和优化。

# 专题总结

通过本专题的学习，了解了信息技术发展趋势、应用领域，以及信息社会中不同信息技术的应用场景；掌握了信息系统的工作机制、常见信息技术设备及主流操作系统的使用技能、图形用户界面的操作技巧，以及系统维护的相关知识，懂得了信息社会公民道德和法律意识培养，树立正确的价值观，以及履行信息社会责任的重要性；培养了利用信息技术进行工作、学习和生活的能力。

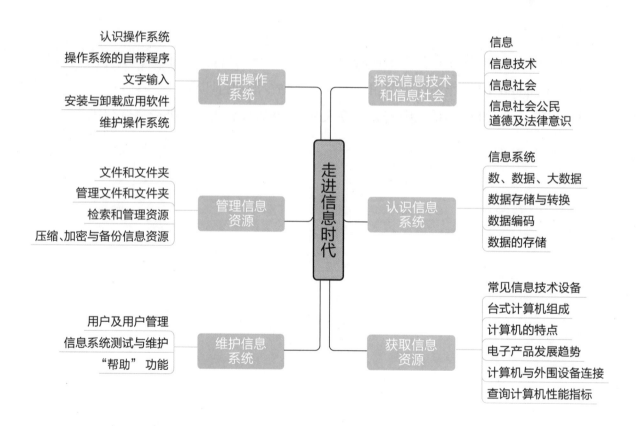

## 专题练习

一、单选题

1. 第二代电子计算机使用的元件是（　　）。

A. 中、小规模集成电路　　　　　　　B. 大规模和超大规模集成电路

C. 晶体管　　　　　　　　　　　　　D. 电子管

2. 二进制数转换为十六进制的方法是（　　）。

A. 除 2 取余，逆序排列　　　　　　　B. 加权系数展开求和

C. 从右往左 4 位为一组分隔转换　　　D. 从右往左 3 位为一组分隔转换

3. 十进制数 215 用二进制数表示是（　　）。

A. 11001　　　　B. 11010111　　　　C. 1100001　　　　D. 1101001

4. 一个完整的计算机系统包括（　　）。

A. 硬件系统和操作系统　　　　　　　B. 软件系统和硬件系统

C. 主机、键盘、鼠标器和显示器　　　D. 主机和它的外部设备

5. 1 个汉字在计算机中处理，占（　　）位。

A. 2　　　　　　B. 4　　　　　　C. 8　　　　　　D. 16

6. 微型计算机中，控制器的基本功能是（　　）。

A. 保持各种控制状态　　　　　　　　B. 控制计算机各部件协调一致地工作

C. 进行算术和逻辑运算　　　　　　　D. 存储各种控制信息

7. 计算机操作系统的作用是（　　）。

A. 执行用户键入的各类命令

B. 为汉字操作系统提供运行的基础

C. 管理计算机系统的全部软、硬件资源，合理组织计算机的工作流程，以充分发挥
　 计算机资源的效率，为用户提供使用计算机的友好界面

D. 对用户存储的文件进行管理，方便用户操作

8. 字长是 CPU 的主要性能指标之一，它表示（　　）。

A. 最大的有效数字位数

B. 计算结果的有效数字长度

C. CPU 一次能处理二进制数据的位数

D. 最长的十进制整数的位数

9. 以下是计算机外围设备的是（　　）。

A. 数码相机　　　　B. 打印机　　　　C. 触摸屏　　　　D. 硬盘

10. 下列软件中，属于系统软件的是（        ）。

A. 学籍管理系统                    B. 财务管理系统

C. 显示器驱动程序                  D.WPS Office

11. 计算机的硬件主要包括中央处理器（CPU）、存储器、输出设备和（        ）。

A. 输入设备          B. 显示器          C. 键盘          D. 鼠标

12. 世界上第一台计算机是 1946 年研制成功的，该计算机的英文缩写名为（        ）。

A. EDSAC          B. EDVAC          C. MARK–II          D. ENIAC

13. 在 Windows 10 中，对文件和文件夹的管理是通过（        ）来实现的。

A. 资源管理器或我的电脑            B. 控制面板

C. 对话框                          D. 剪贴板

14. 下列文件名中，（        ）是非法的 Windows 10 文件名。

A. * 帮助信息 *                    B. student.dbf

C. This is my file                D. 关于改进服务的报告

15. 1 GB 的准确值是（        ）。

A. 1 024 MB                       B. 1 000 × 1 000 KB

C. 1 024 × 1 024                  D. 1 024 KB

二、判断题

1. 把硬盘上的数据传送到计算机内存中的操作称为读盘，把内存中的数据传送到计算机硬盘上的操作称为写盘。                                （        ）

2. 英文缩写 ROM 的中文译名是随机存取存储器。                （        ）

3. 在微型计算机内部，对汉字进行传输、处理和存储时，使用汉字的输入码。    （        ）

4. 在标准 ASCII 编码表中，数字码、小写英文字母和大写英文字母的前后次序是数字、大写字母、小写字母。                                （        ）

5. 任何一台计算机都可以安装 Windows 10 操作系统。          （        ）

三、实践操作题

通过网络查询，了解虚拟机软件并下载安装，尝试在虚拟机中安装 Deepin 操作系统，并使用它进行文件管理、资源管理和系统维护。

# 专题 2 开启网络之窗

当今世界正经历百年未有之大变局，新一轮科技革命和产业变革深入发展，信息技术成为新创新高地，信息网络成为新基础设施，数字经济成为新经济引擎，信息化成为新治理手段，为百年未有之大变局增添了新的内涵。在当前以网络为核心的信息时代浪潮前，学习网络知识和简单的网络应用技术，利用网络进行交流及发布信息，并综合运用资源和工具辅助学习，已经成为必备技能。

## 专题情景

通过前面的学习让小小的信息技术水平有了极大的提升，为了能学到更多网络新知识、新技能，小小新学期加入了学校社团，在这里有很多网络技术"牛人"，还经常开展活动，包括协助维护管理机房。学校里不能使用手机上网，但为了方便学习和开展活动，学校在社团活动室里为新成员配置了计算机，小小决定努力学习、磨炼技能，力争成为网络达人。

## 学习目标

1. 了解网络相关知识，理解并遵守网络行为规范。
2. 会配置网络，掌握获取网络资源的方法，合法使用网络信息资源。
3. 会进行网络交流，掌握有效地保护个人及他人信息隐私的方法。
4. 能运用网络工具工作、生活和学习。
5. 了解物联网的相关知识、常见设备及软件配置。

## 任务 ① 走进网络世界

**任务描述**

小小计划暑假去三星堆博物馆游览，同学建议先去三星堆官网了解相关信息，再规划好出行线路。当小小打开配备给自己的计算机时，却遇到了麻烦，计算机怎么也连不上网络。

小小有一定的上网体验，但还没有进行过系统的学习，因此需要先了解网络基础知识，掌握网络配置方法，通过网络获取必备信息，制订旅游攻略及尝试网络购票。拟定任务路线如图 2-1-1 所示。

图 2-1-1　任务路线

**感知体验**

如今，网络将一切联系起来，融入了我们的生活、工作、学习的方方面面，越来越多的人成为网民。请调查互联网对身边朋友的衣食住行影响情况，结合调查结果描述网络对生活的影响，填写表 2-1-1。

表 2-1-1　调查情况表

| 项目 | 有互联网以前 | 有互联网以后 |
| --- | --- | --- |
| 衣 | 实体店购买，直观，需要谈判技巧 | 可选多，虚拟试衣，容易比价 |
| 食 | | |
| 住 | | |
| 行 | | |

### 1. 网络技术发展

随着计算机技术的发展，单个的计算机已经不能满足人们的需求，计算机网络（Network，简称网络）应运而生，它实现了资源共享、数据通信等功能。计算机网络的发展经历了面向终端的计算机网络、计算机通信网络、计算机互联网络三个阶段，如图2-1-2所示。

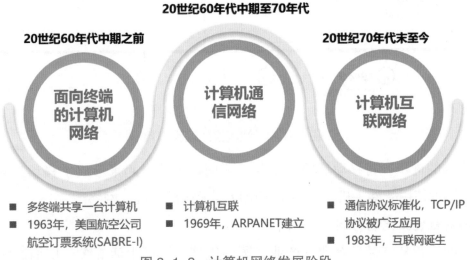

图 2-1-2　计算机网络发展阶段

面向终端的计算机网络阶段，特征是多个终端共享一台计算机，典型代表是美国航空公司航空订票系统（SABRE-I）；计算机通信网络阶段，实现了计算机之间的互联，诞生了真正意义上的计算机网络，典型代表是阿帕网（ARPANET）；计算机互联网络阶段，实现了通信协议的标准化，TCP/IP 协议被广泛应用，诞生了互联网（Internet，音译因特网），如图 2-1-3 所示。

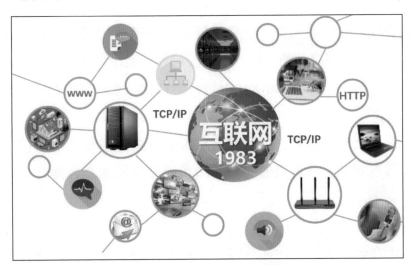

图 2-1-3　互联网示意图

在中国，计算机网络虽然起步较晚，但后势强劲。1994 年，我国实现与国际互联网的全功能连接。2021 年 2 月，中国互联网络信息中心（CNNIC）第 47 次《中国互联网络发展状况统计报告》显示，我国网民规模达 9.89 亿，互联网普及率达 70.4%。

**实践活动**

请通过网络搜索相关资料，在图 2-1-4 中填写 5 件中国互联网大事件，并谈谈这些事件的影响。

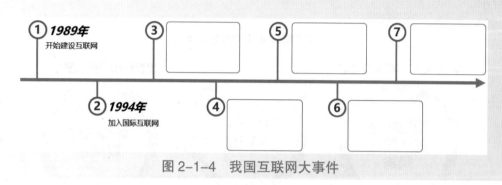

图 2-1-4　我国互联网大事件

随着技术的进步，将移动通信技术与互联网技术结合起来形成了移动互联网，让人们能随时随地地使用智能手机、智能平板电脑等无线设备接入网络。

**2. 网络对社会文化的影响**

当前，网络正从产品、企业、产业、国民经济、社会生活等多个层面影响着组织及个人的行为、关系。

（1）产品网络化

网络化的产品是网络的基础，一类是传统产品中融入了网络功能，如网络协同办公软件、网络游戏、智能电视、智能手机等；另外一类是网络相关的产品，如交换机、路由器、网络应用软件等。

（2）企业网络化

企业在产品研发设计、采购生产、营销等多个环节应用网络技术。在营销环节，使用电子商务、直播带货等网络营销手段；在研发设计、运维服务环节，应用企业信息管理系统；在采购生产环节，可以根据需求情况进行个性化、柔性化生产。

（3）产业网络化

在农业、工业、交通运输业、生产制造业、服务业等诸多产业中使用网络技术，形成工业互联网、智慧农业、智慧交通、智慧城市等新发展生态，提升全社会的创新力和生产力，实现产业升级。

（4）国民经济网络化

利用网络技术在经济大系统内实现统一的信息流动，使生产、流程、分配、消费等经济环节通过网络平台串联成一个整体。

（5）社会生活网络化

将商务、教育、政务、公共服务、交通、日常生活等在内的整个社会体系融入信息网络，拓展人们的活动时空，并推动着新业态、新模式不断涌现，如使用网络开展教学，改变传统课堂；使用网络会议、网络办公等方式提升工作效率。

**探究活动**

访问中国互联网络信息中心（CNNIC）官方网站，阅读最新一期的《中国互联网络发展状况统计报告》，了解互联网应用发展状况，填写表 2-1-2，并谈谈看法。

表 2-1-2　互联网应用发展状况

| 类别 | 应用名称 | 发展情况 |
| --- | --- | --- |
| 基础应用类应用 | 即时通信 | |
| | | |
| | | |
| | | |

### 3. TCP/IP

人们聊天时需要遵守聊天规则，同样，在网络通信时也需要遵守相应的规则或准则，这就是网络协议。当前互联网应用最广泛的协议是传输控制协议 / 网际协议（TCP/IP），它由数百个能实现各种功能的协议集合而成，为了便于使用，将 TCP/IP 分为 4 层，如表 2-1-3 所示。

表 2-1-3　TCP/IP 四层结构

| 所在层 | 功能 | 典型协议 |
| --- | --- | --- |
| 4 应用层 | 规定使用各种必要遵循的规范 | HTTP、HTTPS、DNS |
| 3 运输层 | 传输数据 | TCP、UDP |
| 2 网际层 | 确定通过该网络的最佳路径 | IP |
| 1 网络接口层 | 控制组成网络的硬件设备和介质 | 通信接口、接口驱动等 |

连接网络设备时需要配置 TCP/IP，主要使用的是 IPv4（互联网协议第 4 版）及 IPv6（互联网协议第 6 版），其中 IPv4 的配置涉及 IP 地址、子网掩码、网关地址和 DNS 服务器地址。

（1）IP地址

网络上的计算机为了进行区分，人们为它分配了数字标识，即IPv4地址，俗称IP（Internet Protocol）地址，它由32位二进制数组成，分为4组，采用点分十进制表示，用小数点分开，形式为X.X.X.X表示，X为8位二进制数（1个字节），对应的十进制数取值范围为0~255，如图2-1-5所示。

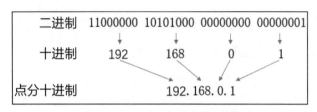

图2-1-5　IP地址表示方法

（2）子网掩码

IP地址由子网掩码划分为网络号（net-id）和主机号（host-id）。其中网络号用来标识一个网络，主机号用来标识这个网络中的一台主机，如图2-1-6所示。子网掩码不能单独存在，必须和IP地址一起使用。

| IP地址组成 | 网络号（net-id） | | | 主机号（host-id） |
|---|---|---|---|---|
| IP地址 | 192 | 168 | 0 | 1 |
| 子网掩码 | 255 | 255 | 255 | 0 |

图2-1-6　IP地址组成示意图

小提示

网络号又称网络地址，主机号又称主机地址。

IP地址分为A、B、C、D、E类，常用的是A、B、C类，对应的默认子网掩码如表2-1-4所示。

表2-1-4　常用IP地址类别与默认子网掩码

| 类型 | 首字节地址范围 | 默认子网掩码 |
|---|---|---|
| A类 | 1~126 | 255.0.0.0 |
| B类 | 128~191 | 255.255.0.0 |
| C类 | 192~223 | 255.255.255.0 |

小提示

子网掩码除了表2-1-4中的点分十进制表示法外，还可以采用IP地址后加上"/"符号及1~32的数字的表示方式，如255.0.0.0表示为/8，255.255.0.0表示为/16，255.255.255.0表示为/24。

**实践活动**

在 Windows 10 操作系统中打开"网络和 Internet",选择"查看网络属性",在弹出的窗口中辨识包括 IP 地址、子网掩码在内的网络信息,如图 2-1-7 所示。

图 2-1-7 查看 IP 地址

（3）默认网关

从一个网络向另一个网络发送信息,也必须经过一道"关口",这道关口就是网关（Gateway）。一台计算机可以有多个网关,计算机找不到可用的网关时,就把数据包发给指定的默认网关（Default Gateway）,由这个网关来处理数据包。现在主机使用的网关,一般指的是默认网关。默认网关地址和本地设备 IP 地址必须在同一网段,如图 2-1-8 所示。

图 2-1-8 网关示意图

**探究活动**

本地主机需要设置本地网关地址才能访问其他网络,可以选择自动获得网关地址,也可以手动配置,观察图 2-1-9 中的 IP 地址设置情况,试着分析 IP 地址、子网掩码与网关的关系。

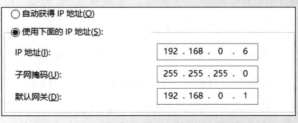

图 2-1-9 手动设置 IP 地址和网关地址

（4）DNS 服务器地址

DNS 服务器地址是提供 DNS 服务的服务器 IP 地址，只有设置正确的 DNS 服务器地址，才能正常上网，可以选择自动获得 DNS 服务器地址或手动配置。图 2-1-10 所示为在 Windows 10 中手动配置 DNS 服务器地址。

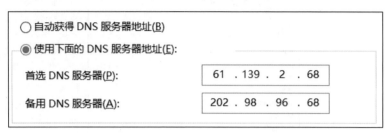

图 2-1-10　手动设置 DNS 服务器地址

（5）IPv6 地址

随着万物互联时代的到来，IP 地址数量已经远远不够，IPv6 应运而生，它由 128 位二进制数组成，让地球上的每平方米可分配 1 000 多个地址。IPv6 地址长度为 128 位，通常采用冒分十六进制表示，分为 8 组，用 "：" 作为分隔符，例如：

$$2001:0000:0000:0000:085b:3c51:f5ff:ffdb$$

**实践活动**

查看自己计算机的 IP 地址，对比总结 IPv4、IPv6 的格式差异，填写表 2-1-5。

表 2-1-5　查情况表

| 地址类型 | 计算机的 IP 地址 | 位数 | 分隔符 | 常用表示进制 |
| --- | --- | --- | --- | --- |
| IPv4 | | 32 | . | 十进制 |
| IPv6 | | | | |

### 4. 常用网络服务

日常使用网络过程中会应用到各种网络服务，它们共同构建了多姿多彩的网络世界。

（1）Web 服务

Web 服务也称万维网（World Wide Web，WWW）服务，主要功能是提供网上信息浏览，有以下几个要素：

①超文本传输协议（HyperText Transfer Protocol，HTTP）。它规定了访问和传输超文本信息的规则，HTTP 协议不仅可以用于 Web 访问，也可以用于其他网络应用系统之间的通信。

②统一资源定位地址（Uniform Resource Locator，URL）。

小提示

为了保障安全，目前广泛使用的是 HTTPS 协议，这是在 HTTP 的基础上进行了加密的协议。

URL 用于确定所访问资源的位置，基本的 URL 结构包含协议、服务器名称、路径和文件名。例如访问学习强国网站的 URL 地址为"https://www.xuexi.cn/"，其中的"https://"代表协议，"www"代表万维网服务器，"xuexi.cn"代表路径和文件名。

③超文本标记语言（HyperText Markup Language，HTML）。HTML 将图片、文字、视频、音乐、超链接等信息组织成网页，方便用户使用浏览器进行访问。

**实践活动**

在浏览器中打开学校官方网站，按 F12 键打开开发工具，用鼠标在 HTML 代码上浮动，观察 HTML 代码与页面中文字、图片等信息的关系。

（2）FTP 服务

FTP 服务也称文件传输协议（File Transfer Protocol，FTP），让用户在两个联网的计算机之间传输文件。它由 FTP 服务器和 FTP 客户端两个部分组成，客户端通过地址访问服务器，登录后进行上传、下载文件的操作，如图 2-1-11 所示。

图 2-1-11　FTP 客户端登录 FTP 服务器

（3）DNS 服务

DNS 服务即域名服务，也称域名系统（Domain Name System，DNS），它是域名与 IP 地址的翻译官，实现了域名与 IP 地址的相互转化。有了域名，就不要需要记忆网络设备的 IP 地址，只要记住域名就行了。例如使用"14.215.177.39"或"www.baidu.com"均可访问百度网站，如图 2-1-12 所示。

图 2-1-12　用 IP 地址访问百度

**实践活动**

　　使用 ping 命令可以测试主机之间的连通性，还可以获取域名对应的 IP 地址，请尝试获取以下域名的 IP 地址，填写在表 2-1-6 中。

表 2-1-6　查情况表

| 域名 | IP 地址 |
| --- | --- |
| www.xuexi.com | |
| people.com.cn | |
| www.xinhuanet.com | |

　　（4）DHCP 服务

　　DHCP 服务也称动态主机配置协议（Dynamic Host Configuration Protocol，DHCP），通常应用在局域网环境中，让该环境中的主机动态获取 IP 地址、子网掩码和 DNS 服务器地址等信息。

　　（5）E-mail 服务

　　E-mail 服务也称电子邮件服务（Electronic mail，E-mail，标志：@），指通过电子通信系统进行书写、发送和接收的信件。电子邮件通常应用在较正式的场合，电子邮件格式为：用户名 @ 域名。如 cheng@qq.com。常用的电子邮箱有 QQ 邮箱、163 网易免费邮箱、139 邮箱等，如图 2-1-13 所示。

图 2-1-13　常用电子邮箱

#### 1. 设置 TCP/IP

小小通过学校社团活动室学长介绍，知道了平时上网都需要设置 TCP/IP（俗称设置 IP 地址），设置方式有两种：一种是手动设置，一种是自动获取。

（1）手动设置 IP 地址

在计算机桌面右下角网络图标上单击右键，选择"网络和 Internet"，打开"网络和 Internet"的"设置"对话框，然后单击"更改适配器选项"，如图 2-1-14 所示。

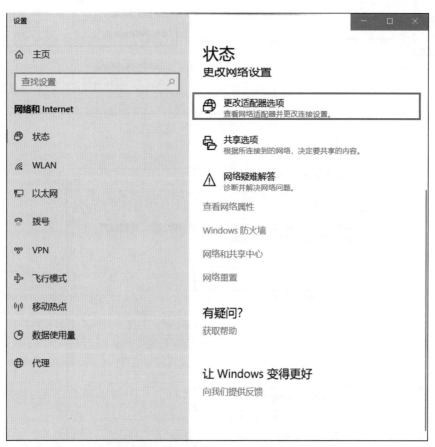

图 2-1-14　手动设置 IP 地址（一）

在打开的"网络连接"窗口中右击"以太网"，选择"属性"，双击"Internet 协议版本 4（TCP/IPv4）"，打开"Internet 协议版本 4（TCP/IPv4）属性"对话框，按图 2-1-15 所示配置 IP 地址。

（2）自动获取 IP 地址

这是获得 IP 地址最方便的方式，也是绝大部分场合采用的配置方式，不需要进行专门的操作，只要计算机接上网线、智能手机连上网络，DHCP 服务器就能自动获取。

在上一步的"Internet 协议版本 4（TCP/IPv4）属性"对话框中选择"自动获得 IP 地址"，如图 2-1-16 所示。

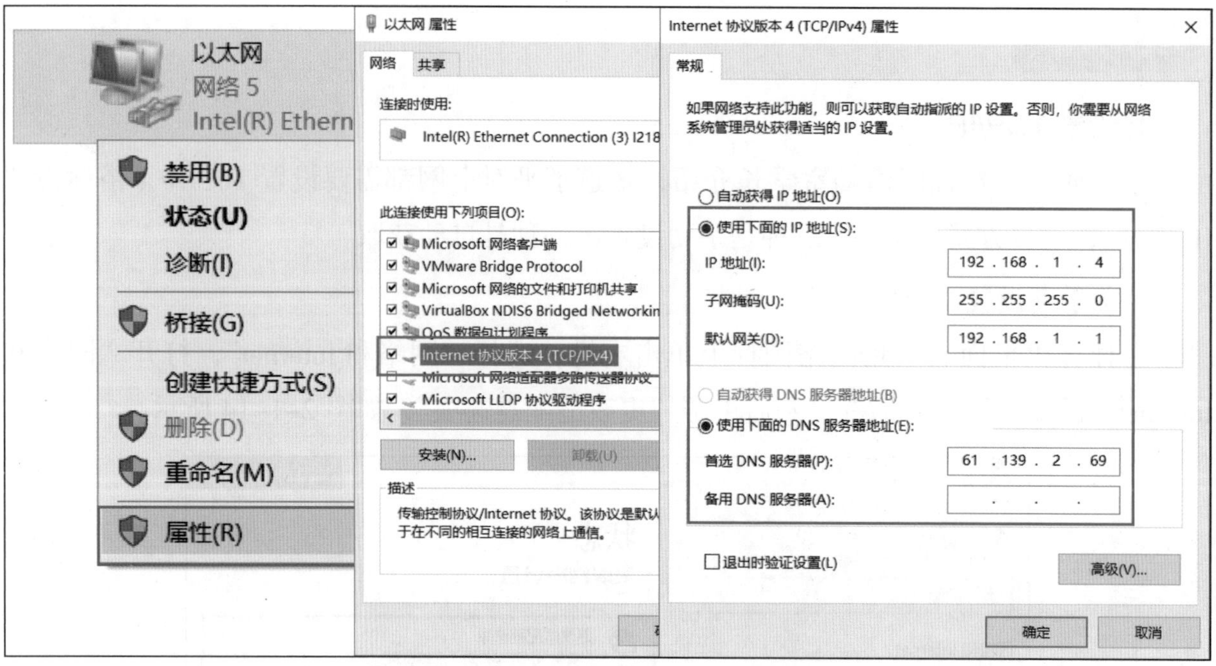

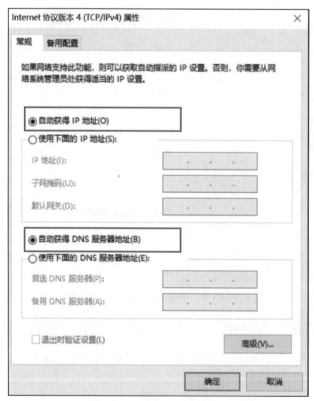

图 2-1-15　手动设置 IP 地址（二）

图 2-1-16　设置自动获得 IP 地址

## 2. 浏览网站信息

配置好 TCP/IP 后，小小成功连接上互联网，打开浏览器，访问百度网站，搜索关键词"三星堆"，搜索结果如图 2-1-17 所示。

图 2-1-17　百度搜索三星堆

在搜索结果中可以查看三星堆相关的文字介绍、图片、视频等信息，如果遇到感兴趣的信息，可以用浏览器的"收藏夹"功能收藏。

### 3.拟定出行线路

搜索去三星堆的线路，通常计算机终端使用浏览器访问导航网站，而移动终端使用百度地图、高德地图等 APP 进行查看。

图 2-1-18　百度地图搜索

在浏览器中打开"百度地图"，搜索"三星堆"，出现相关的搜索信息，如图 2-1-18 所示。在搜索结果中选择"广汉三星堆博物馆"，出现详细信息，然后选择"到这去"，如图 2-1-19 所示。在打开的页面中输入出发地，然后搜索，会出现线路详细信息，可以选择公交、驾车、步行、骑行等多种方式，如图 2-1-20 所示。

图 2-1-19　选择导航方式

图 2-1-20　导航线路信息

除了以上方式外，还有一种更快捷的搜索方式，即打开"百度地图"后直接选择"线路"，根据搜索出来的结果输入起点位置和终点位置即可，如图 2-1-21 所示。

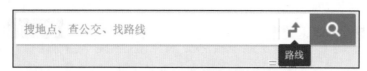

图 2-1-21　选择线路

移动端则是在官方"应用市场"中下载高德地图等 APP 并安装使用，其集成了更多更完善的功能，如线路规划、导航、定位等。

**4. 尝试网络购票**

搜索到的出行计划中推荐乘坐高铁，小小也听说过通过互联网购买高铁票不但方便，还能避免排队购票的麻烦。

（1）登录 12306 网站

在浏览器中打开 12306 网站，如果有账号，则在右上角选择"登录"；如果没有账号，则在右上角选择"注册"，按照提示完成注册后再登录，如图 2-1-22 所示。

图 2-1-22　登录 12306 网站

（2）查询火车票

在首页按照提示输入出发地、到达地和出发日期，如图 2-1-23 所示，然后单击"查询"按钮，如图 2-1-24 所示。

图 2-1-23　选择出发地和到达地

| 车次 | 出发站 到达站 | 出发时间 ▲ 到达时间 ▼ | 历时 | 商务座 特等座 | 一等座 | 二等座 二等包座 | 高级 软卧 |
|---|---|---|---|---|---|---|---|
| G89 复 ▼ | 北京西 成都东 | 06:53 14:38 | 07:45 当日到达 | 无 | 有 | 有 | -- |
| G571 ▼ | 北京西 成都东 | 09:22 18:55 | 09:33 当日到达 | 3 | 14 | 有 | -- |
| G307 ▼ | 北京西 成都东 | 09:38 19:14 | 09:36 当日到达 | 10 | 有 | 有 | -- |
| G349 ▼ | 北京西 成都东 | 15:13 22:58 | 07:45 当日到达 | 8 | 有 | 有 | -- |

如果查询结果中没有满足需求的车次，您还可以使用接续换乘 功能，查询途中换乘一次的部分列车余票情况。
显示的卧铺票价均为上铺票价，供您参考。具体票价以您确认支付时实际购买的铺别票价为准。

图 2-1-24　查询火车票

（3）提交订单

选定车次和座位后付款，可以使用银行卡、微信、支付宝等多种付款方式，按照提示完成支付即可。

在手机上安装 12306 的 APP，同样可以进行网络购票。

**拓展延伸**

### 突破西方根域服务器控制的"雪人计划"

域名根服务器可以理解为导航中心，会告诉你想去的网站在什么地方，并指引你准确到达。IPv4 时代全球有 13 个域名根服务器（名字分别为 A~M），其中包括 1 个为主根服务器，在美国；其余 12 个均为辅根服务器，其中 9 个在美国，其他 3 个分别在英国、瑞典和日本。

美国控制了 IPv4 根服务器，就等于控制了全球的域名和 IP 地址，其一直利用垄断资源的优势，占用了 50% 的 IP 地址，平均每个美国人可以分配 6 个 IP 地址，而我国却是 26 人共享一个 IP 地址。如果一旦被"卡住脖子"，断掉根服务器的访问途径，无法进行域名解析就可能被断网。

为了国家安全，我国主导了"雪人计划"，与全球其他国家完成 25 台 IPv6 根服务器的架设，形成了 13 台原有根加 25 台 IPv6 根的新格局，其中 1 台主根服务器、3 台辅根服务器部署在我国，打破了我国过去没有根服务器的困境。预计到 2025 年年末，IPv6 的网络规模、用户规模、流量规模超越 IPv4，位居世界第 1 位，全面完成向下一代互联网的升级。

请根据自己的学习情况完成表 2-1-7，并按掌握程度填涂☆。

表 2-1-7　自我评价表

| 知识与技能点 | 我的理解（填写关键词） | 掌握程度 |
| --- | --- | --- |
| 网络的功能 | | ☆ ☆ ☆ |
| 网络的发展阶段及代表事件 | | ☆ ☆ ☆ |
| 网络对社会文化的影响 | | ☆ ☆ ☆ |
| 常用网络服务 | | ☆ ☆ ☆ |
| 配置 TCP/IP 的方法 | | ☆ ☆ ☆ |
| 收获与心得 | | |

**举一反三**

1. 通过网络搜索美食，将本地区排名前三位的美食列出来，对比自己心目中的美食排名，与同学分享。

2. 在网上搜索并观看央视纪录片《互联网时代》第 1 集《时代》，了解互联网技术的诞生过程，认识互联网创造的社会变革，并与其他同学分享心得体会。

# 任务 ② 配置网络系统

## 任务描述

　　小小家的台式计算机已通过中国电信光纤接入互联网，为了方便学习，她又购置了一台笔记本电脑，父母希望家里所有的计算机、智能手机均能接入网络。

　　升级家庭网络前，需要认识常见的网络设备、连接线缆和网络接口，会配置无线路由器，掌握多种网络终端接入网络的方法，学会查看 IP 地址及排查网络故障的方法。拟定任务路线如图 2-2-1 所示。

图 2-2-1　任务路线

## 感知体验

　　调查家庭网络及学校机房的网络情况，列出使用的主要网络设备及连接线缆，将结果填入表 2-2-1 中，对比分析两者差异。

表 2-2-1　网络设备及线缆调查情况

| 类　别 | 家庭网络 | 学校机房网络 |
| --- | --- | --- |
| 网络设备 | | |
| 连接线缆 | | |
| 其他网络相关设施设备 | | |

## 知识学习

### 1. 常见网络设备

（1）网卡

网卡也叫网络适配器（Network Interface Card，NIC），是计算机接入网络的主要设备。

网卡分为有线网卡和无线网卡两大类，在笔记本电脑、智能手机、平板电脑内部，一般有一块无线网卡用于接入网络。每张网卡内都固化了独一无二的地址，叫作 MAC 地址或物理地址。

**实践活动**

按 Win+R 组合键调出命令提示窗，执行 "ipconfig /all" 命令，查看当前计算机网卡的物理地址，如图 2-2-2 所示。

```
以太网适配器 以太网:

    媒体状态 . . . . . . . . . . . . : 媒体已断开连接
    连接特定的 DNS 后缀 . . . . . . . : lan
    描述 . . . . . . . . . . . . . . : Intel(R) Ethernet Connection (13) I219-V
    物理地址 . . . . . . . . . . . . : 38-F3-AB-D6-B4-07
    DHCP 已启用 . . . . . . . . . . : 否
    自动配置已启用 . . . . . . . . . : 是
```

图 2-2-2　查看网卡 MAC 地址

尝试通过移动终端的"设置"选项找到移动终端无线网卡的 MAC 地址，算一算 MAC 地址由多少位组成。

（2）调制解调器

调制解调器（Modem），俗称"猫"，是调制器和解调器的缩写，用于实现数字信号和模拟信号的转换。目前流行的是光调制解调器，俗称"光猫"，采用光纤接入，将计算机与光纤相连。常用接口有光纤接口、RJ45 接口等，如图 2-2-3 所示。

（3）交换机

交换机（Switch）是一种用于电（光）信号转发的网络设备，用于连接多台网络设备，具有较好的网络传输性能，主要应用在局域网中。常用的接口有 RJ45 接口、光纤接口等，如图 2-2-4 所示。

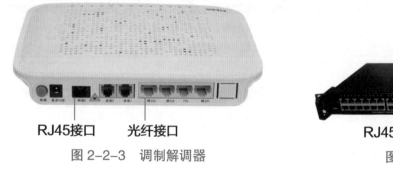

RJ45接口　光纤接口

图 2-2-3　调制解调器

RJ45接口　光纤接口

图 2-2-4　交换机

（4）路由器

路由器（Router）是构成互联网的主要设备，它连通不同类型的网络，相当于是交通网络中的指示牌，能根据要求选择一条最佳路径收发数据。通常分为有线路由器和无线路由器，如图 2-2-5 所示。

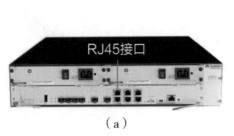

图 2-2-5　路由器

（a）有线路由器;（b）无线路由器

实践活动

　　在命令提示窗中执行"ipconfig"命令,观察窗口显示的内容,其中,"默认网关"地址即代表网络通信时经过的第一个路由器。

### 2. 常用传输介质

　　网络的传输介质像交通系统中的公路,用于连接网络中的各个设备,并进行信息的传递,分为有线传输介质与无线传输介质。

　　（1）有线传输介质

　　有线传输介质是采用实体方式连接网络的线缆。常见的有同轴电缆、双绞线、光纤等,其中同轴电缆、双绞线传输电信号,光纤传输光信号。

　　同轴电缆由两个同心的铜线导体和绝缘层构成,屏蔽性更好,但制作工艺复杂,主要用于有线电视网络,如图 2-2-6 所示。

图 2-2-6　同轴电缆

　　双绞线全称双绞线电缆,由两根相互绝缘的铜导线以螺旋形状绞合在一起,以减少电磁干扰,常用的是 4 对 8 芯双绞线,即常说的网线,如图 2-2-7 所示。市面上可以直接购买两端接好 RJ45 接头的成品网线,接上设备即可使用,如图 2-2-8 所示。

RJ45接头

图 2-2-7　双绞线　　　　　　　　　图 2-2-8　成品网线

　　光纤全称光导纤维,是一种由玻璃或塑料制成的纤维,在两端接上光纤接头就成为光纤跳线,如图 2-2-9 所示。多数光纤在使用前会被包覆在多层保护结构中,被包覆后的线缆称为光缆，一根光缆内可包覆一根或多根光纤，图2-2-10所示为8芯光缆。

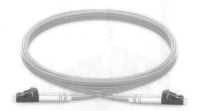

图 2-2-9　光纤跳线

图 2-2-10　光缆

（2）无线传输介质

**无线传输介质**以电磁波等为载体来传输数据，突破空间的限制，使用灵活方便。常用的无线传输介质有无线电波、微波、红外线、激光等。

**探究活动**

调查身边的网络传输介质，列出所使用的传输介质的类型、品牌、型号及主要性能指标。

**实践操作**

### 1. 配置无线路由器

在配置无线路由器之前，最好先了解网络设备、连接线缆及网络终端的型号及连接情况，保证物理上是连通的。

（1）确认网络连接

根据任务需求，计算机终端、移动终端同时接入宽带，形成的网络连接如图2-2-11所示。其中核心是互联网服务提供商的一台"光猫"，该设备是光调制解调器和无线路由器的融合产品，除能接入光纤外，还能用LAN接口通过双绞线接入台式计算机，同时还可提供WLAN无线功能。

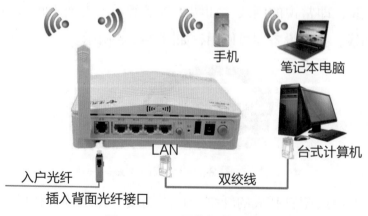

手机　笔记本电脑

LAN

台式计算机

入户光纤

插入背面光纤接口

双绞线

图 2-2-11　网络拓扑结构

**小提示**

网络按照范围，分为局域网（Local Area Network，LAN）、城域网（Metropolitan Area Network，MAN）和广域网（Wide Area Network，WAN），LAN接口指局域网接口，WLAN指无线局域网（Wireless Local Area Network）。

（2）确认网络连接线缆

按照上一步中的拓扑结构图确定连接的线缆是否正确，特别注意将入户的光纤接入光猫光纤接口，双绞线一端接入 LAN 接口，另外一端接入台式计算机网卡上，最后开启所有设备电源。

（3）路由器配置

步骤 1：登录无线路由器。

方式 1：有线方式登录。使用双绞线接入的台式计算机进行配置，按照使用说明书找到无线路由器的登录 IP 地址，例如登录 IP 地址为 192.168.1.1，则将台式计算机的 IP 地址设置为 192.168.1.9 即可。

方式 2：无线方式登录。使用手机或者笔记本电脑查找该无线路由器的 SSID 号。如果是中国电信等服务商提供的无线路由器，SSID 号通常是服务商名字＋数字，如

ChinaNet-×××；如果是直接购买的品牌无线路由器，SSID 号则通常是厂商名字＋数字，如 TP_LINK_6FDF。

在浏览器中输入无线路由器登录 IP 地址，在使用说明书中找到账号、密码，图 2-2-12 所示为设备上提供的账号和密码，图 2-2-13 所示为管理登录界面。

图 2-2-12　查看背面账号密码

图 2-2-13　管理登录界面

步骤 2：选择上网方式。

登录后通常选择向导模式，在这里选择"配置向导"，然后进入上网方式选择界面。

方式 1：桥接方式。将上网设备（如台式计算机）连接到网关后，需要在台式计算机

上手动拨号，获取地址后即可访问互联网。

方式 2：路由方式。通过网关拨号获取地址，将上网设备（如台式计算机）连接到网关后不需要拨号即可直接访问互联网。

以路由上网方式为例，输入中国电信提供的上网账号和密码，然后单击"下一步"按钮，如图 2-2-14 所示。

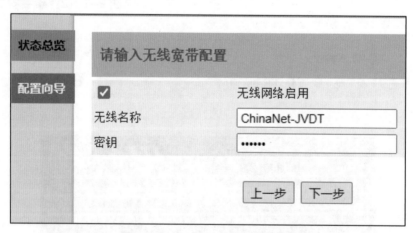

图 2-2-14　选择上网方式

步骤 3：设置无线 WLAN。

选择"无线网络启用"，输入无线名称和密钥，如图 2-2-15 所示。按照提示依次配置信息后重启计算机，网络生效。

小提示

无线名称即是 SSID 号。

图 2-2-15　设置 SSID 和密码

步骤 4：设置有线局域网。

单击"网络"，进入"局域网（LAN）设置"界面，可以设置无线路由器的管理 IP 地址，这里默认是"192.168.1.1"。还可以设置 DHCP 服务器，让有线接入的台式计算机能自动获取 IP 地址，如图 2-2-16 所示。

其他型号的无线路由器的设置方法类似。

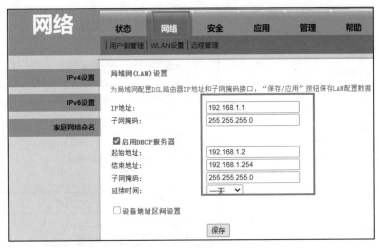

图 2-2-16　设置有线局域网

小提示

用移动终端连接无线路由器进行设置，详细步骤参考无线路由器使用说明书或从网上搜索使用教程。

### 2. 接入网络终端

网络准备好了，接下来需要将家里的各种计算机、移动终端接入网络，包括无线接入与有线接入两种方式。

方式 1：无线设备接入网络。使用智能手机或者笔记本电脑搜索无线网络，找到上一步设置的无线网络名称，单击"连接"按钮并输入登录密码，连接网络，此时通过登录浏览器网站查看是否能正常上网，如果能，则表示网络连接成功。

方式 2：有线设备接入网络。用双绞线连接无线路由器 LAN 接口和计算机网卡，在网卡的以太网属性中选择"Internet 协议版本 4（TCP/IPv4）"，打开"Internet 协议版本 4（TCP/IPv4）属性"对话框，设置为"自动获得 IP 地址"和"自动获得 DNS 服务器地址"，如图 2-2-17 所示。

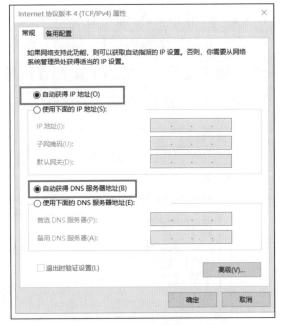

图 2-2-17　自动获得 IP 地址

### 3. 查看 IP 地址

网络连接成功后，还要学会查看 IP 地址的方法，为排查网络故障做准备。常用的本机 IP 地址查看方法有直接查看与命令查看两种方式。

（1）直接查看 IP 地址

在桌面右下角网络图标上单击右键选择"网络和 Internet"，打开"网络和 Internet"的"设置"对话框，然后单击"查看网络属性"选项，此时可以看到所有网卡及 IP 地址配置的相关信息，如图 2-2-18 和图 2-2-19 所示。

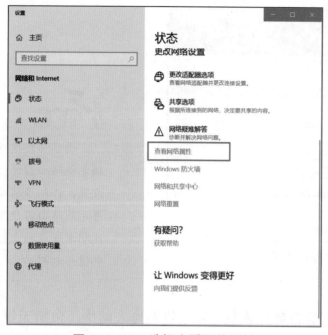

图 2-2-18　选择查看网络属性　　　　　　　图 2-2-19　查看网络属性

（2）使用 ipconfig 命令查看 IP 地址

在"开始"菜单中运行"cmd"命令，打开"命令提示符"界面，然后输入"ipconfig"命令，即可查看本机的 TCP/IP 配置信息，如图 2-2-20 所示。可以看到计算机的网卡及 IP 地址、子网掩码、默认网关等信息。

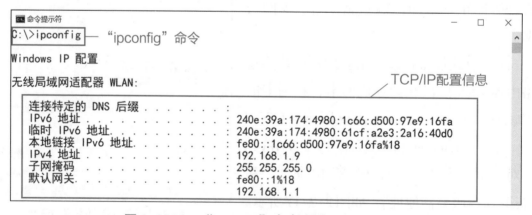

图 2-2-20　"ipconfig"命令查看 TCP/IP 配置

### 4. 排查网络故障

（1）查看操作系统网络连接状态信息

操作系统可以查看网络连接状态信息，不同类型、版本的操作系统显示方式不同，显示内容主要有无线连接网络、有线连接网络、网络不正常 3 种状态，可以根据显示的图标判断网络连通状态。Windows 10 操作系统网络图标显示状态及故障排查思路如表 2-2-2 所示。

表 2-2-2 网络图标显示状态及故障排查思路

| 网络图标状态 | 判断 | 解决办法 |
|---|---|---|
| | 无线连接网络，网络正常 | 不用处理 |
| | 有线连接网络，网络正常 | 不用处理 |
| | 网络不正常 | ①检查网线连接情况；②检查网卡状态；③检查无线网络密码；④咨询网络管理员 |

（2）通过网卡指示灯了解网络连接情况

有线网卡均有指示灯，观察指示灯情况，可以判断网络情况。目前很多计算机网卡集成在主板上，通常有两个指示灯，绿色指示灯亮表示主板正常供电，黄色指示灯亮表示连接正常，如图 2-2-21 所示。如果绿色指示灯亮而黄色指示灯没有亮，则表示有链路故障。

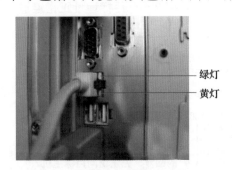

绿灯
黄灯

图 2-2-21 绿色指示灯和黄色指示灯

若出现绿色指示灯不亮的情况，应仔细检查双绞线是否正确连接、水晶头是否规范、网卡是否正常。

（3）使用"ping"命令测试网络连通情况

"ping"命令用于确定本地主机能否与目标主机成功交换数据包，再根据返回的信息，协助判断网络连通情况及连通质量。在命令提示符下输入"ping / ?"，会显示命令的参数及格式，常见的参数如表 2-2-3 所示。

表 2-2-3 "ping"命令常见的参数

| 参数 | 作用 | 举例 |
|---|---|---|
| 无 | ping 指定的主机 | ping 127.0.0.1 |
| -t | ping 指定的主机，直到按 Ctrl+C 组合键停止 | ping -t 127.0.0.1 |
| -a | 将地址解析成主机名 | ping -a 127.0.0.1 |
| -n count | 发送回显请求数，默认 4 次，举例中是回显 3 次 | ping -n 3 127.0.0.1 |
| -l size | 发送缓冲区大小，默认 32 字节，举例中发送大小是 66 节字 | Ping -l 66 127.0.0.1 |

注：127.0.0.1 是回送地址，指本机，一般用来测试使用，可以修改成其他 IP 地址或域名。

在本任务中检测台式计算机与无线路由器的连通情况，可以在"命令提示符"界面中使用"ping 192.168.1.1"命令，如图 2-2-22 所示表示正常连通，如果出现图 2-2-23 所示情况，则表示未连通。

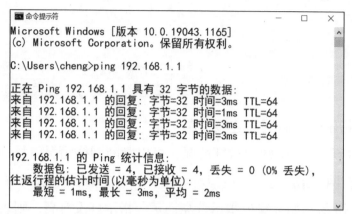

图 2-2-22　与目标地址正常连通

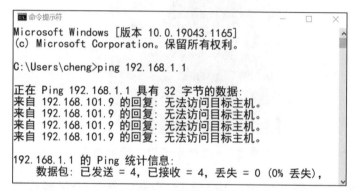

图 2-2-23　与目标地址未连通

若出现"无法访问目标主机"等情况，就需要检查 TCP/IP 配置、线缆连接灯情况。

请根据自己的学习情况完成表 2-2-4，并按掌握程度填涂☆。

表 2-2-4　自我评价表

| 知识与技能点 | 我的理解（填写关键词） | 掌握程度 |
| --- | --- | --- |
| 常见网络设备的名称与功能 | | ☆ ☆ ☆ |
| 常用传输介质分类、名称及功能 | | ☆ ☆ ☆ |

续表

| 知识与技能点 | 我的理解（填写关键词） | 掌握程度 |
|---|---|---|
| 配置无线路由器的方法 | | ☆ ☆ ☆ |
| 查看计算机 IP 地址的方法 | | ☆ ☆ ☆ |
| 排查网络故障的方法 | | ☆ ☆ ☆ |
| 收获与心得 | | |

**举一反三**

1. 使用手机无线热点功能，将笔记本电脑连接到手机无线热点。

2. 到机房实习，协助机房管理老师排查机房网络故障，记录故障原因及排查方法，并在班上做交流。

3. 计算机接入互联网之后，请通过浏览器查询本机在互联网上的 IP 地址。

# 任务 ③　获取网络资源

## 任务导入

　　互联网上能获取到的网络资源浩如烟海，在日常生活中，碰到解决不了的问题，往往会到网络中寻求帮助。学校社团要整理成员的资料，做一本电子相册，包括个人简介、个人展示等内容，小小所在小组接下了任务，但无从下手，于是准备到网上去搜索解决办法。

　　获取网络资源，需要能识别网络资源的类型，掌握搜索、下载网络资源的方法，同时还要学会辨识有益或不良网络信息。拟定任务路线如图 2-3-1 所示。

搜索引擎搜索资源　→　移动端搜索资源　→　特定范围获取资源　→　下载网络资源

图 2-3-1　任务路线

## 感知体验

　　天气预报是为国民经济和国防建设服务的重要手段，气象台通过各种渠道及时、准确地公开发布天气预报，在保护人民生命财产、促进经济发展等方面发挥着重要作用。现在获取天气预报的方式有很多，请查询本地区未来 3 天的天气情况，填入表 2-3-1 中，对比获取天气信息来源的方式，分析哪种更方便、更准确。

表 2-3-1　本地区未来 3 天的天气情况

| 获取天气信息来源的方式 | | | |
|---|---|---|---|
| 未来第 1 天 | 时间：　　天气： | 温度： | 空气质量： |
| 未来第 2 天 | 时间：　　天气： | 温度： | 空气质量： |
| 未来第 3 天 | 时间：　　天气： | 温度： | 空气质量： |

### 1. 网络资源

网络资源主要指网络信息资源，也就是通过计算机网络获取的各种信息资源的总和，通常以文本、图像、音频、视频、软件、数据库等多种形式存在。

网络资源主要分为开放资源、免费资源和收费资源等几种类型，开放资源指在一定条件下可以免费获取，允许任何人使用，如政府部门公开的资源；免费资源指在一定范围内免费使用的资源，大多数软件都属于免费资源；收费资源现在越来越多，如有版权保护的电子书、影视作品、网络增值服务等，如图 2-3-2 所示。

图 2-3-2　网络资源

网络信息虽然是共享开放的，但共享权限是有限的，其中涉密的网络资源是有限分享；而受版权保护的网络资源未经允许不能分享，如有版权保护的电子书、音乐、电影、图片等。我国不断加大知识产权保护力度，致力于为国内外企业提供一视同仁、同等保护的知识产权环境，未来将进一步采取措施，全面加强知识产权保护。

讨论活动

当前中小学生手机有限带入校园、禁止带入课堂，在此背景下，同学们如果想获取学习所需要的网络信息资源，应该采用哪些方法与策略？

### 2. 网络信息检索

网络上获取资源的方式很多，最精准的是直接根据 URL 地址访问，但 URL 地址不容易记忆，方便的网络信息检索方式主要有搜索引擎搜索和站内搜索两种形式。

（1）搜索引擎搜索

互联网资源浩如烟海，要找到感兴趣的内容如同大海捞针，为了快速搜索到想要的资源，搜索引擎网站应运而生。打开搜索引擎网站，输入要查询的关键词，就能检索出包含该关键词的相关信息，常用搜索引擎如图 2-3-3 所示。

图 2-3-3　常用搜索引擎

（2）站内搜索

网站通常提供站内搜索服务，即只能在本网站内才能搜索，不能跨网站搜索，与使用搜索引擎搜索方法类似。如在国家职业教育智慧教育平台搜索"信息技术"相关的课程资源，则在页面搜索框中输入相应关键词搜索即可，如图 2-3-4 所示。

图 2-3-4　国家职业教育智慧教育平台搜索

**实践活动**

共和国勋章是中华人民共和国最高荣誉勋章，授予在中国特色社会主义建设和保卫国家中做出巨大贡献、建立卓越功勋的杰出人士。通过网络搜索了解共和国勋章获得者的光荣事迹，与大家交流获取这些网络信息所使用的方法和工具。

### 3. 网络信息鉴别

当前我们被无数碎片化的信息所包围，很多信息没有经过严格编辑和整理，良莠不齐，各种不良和无用的信息大量充斥在网络上，给用户选择、利用网络信息带来了障碍，因此需要掌握鉴别网络信息的方法。

（1）鉴别网络信息真伪

互联网迅猛发展，但也出现一些问题，网络谣言时有出现，误导了公共舆论，对社会发展稳定产生了干扰。中国互联网联合辟谣平台提供辨识谣言、举报谣言的渠道，如图 2-3-5 所示。

图 2-3-5　中国互联网联合辟谣平台

（2）网站备案查询

通过工业和信息化部 ICP 备案管理网站可以查询网站名称、经营内容是否与备案相符，以验证网站真伪。通过备案的网站页面最下方会显示备案号。例如查看北京理工大学网站备案信息，如图 2-3-6 所示。

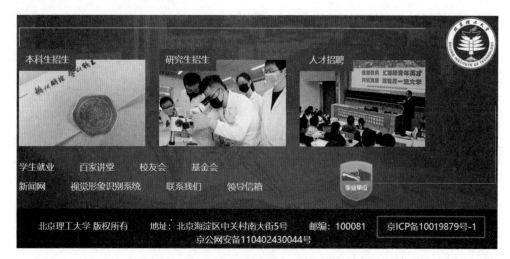

图 2-3-6　网站页面最下方显示备案号

单击网站备案号，或者直接访问备案系统网站，输入北京理工大学的域名进行备案查询，可以看到更多备案信息，如图 2-3-7 所示。

图 2-3-7　更多备案信息查询

探究活动

通常网站需要在公安部下属的全国互联网安全管理服务平台（图 2-3-8）进行备案，同学们请选择 3 个网站，通过全国互联网安全管理服务平台查询网站相关信息。分小组收集资料了解网站为何需要进行备案。

图 2-3-8　全国互联网安全管理服务平台

（3）机构组织网站认证标识

为了预防不法分子非法仿制网站，假冒机构组织从事非法活动，国家实行党政机关、事业单位及社会团队组织网上名称认证，授予所有通过认证的网站"党政机关"或"事业单位"标识，统一放在网站所有页面底部，通过单击该标识的链接可访问全国党政机关事业单位互联网网站标识管理服务平台。党政机关、事业单位网站认证标识如图 2-3-9 所示。

图 2-3-9　党政机关、事业单位网站认证标识

（4）网站身份标识认证

网站身份标识认证以浏览器公司作为第三方认证机构，只要看到此标识，便可放心访问该网站。在 360 安全浏览器、QQ 浏览器、百度浏览器等常用浏览器的地址栏旁边会显示网站身份标识铭牌，如图 2-3-10 所示。

图 2-3-10　网站身份标识铭牌

（5）搜索结果标签判断

主流的搜索引擎搜索出结果后，会贴上网站标签，辅助浏览者查看可用信息。标签有"官网"标识的，说明网站通过了官网认证。图 2-3-11 所示为北京理工大学官网标签。

图 2-3-11　官网标签

　　搜索结果中的来源标签显示"快照"的，说明是搜索出来的网页，有一定的可靠性；若来源标签显示"广告"，则可信度存疑，如图 2-3-12 所示。

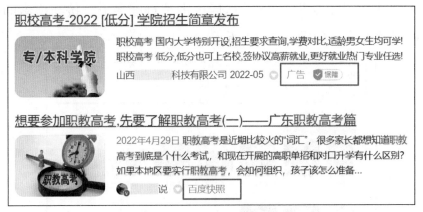

图 2-3-12　快照及广告标签

讨论活动

　　QQ 消息中能对网站、文件进行鉴别，辅助判断是否安全，分别设置了绿色、蓝色、红色几种标识，如图 2-3-13 所示。分析图中 4 种标识的意义，讨论遇到这些标识的链接时应该采用什么样的办法。

图 2-3-13　QQ 消息框内容鉴别

**实践操作**

### 1. 搜索引擎搜索资源

　　小小所在小组使用社团活动室的台式计算机进行信息检索，大家群策群力，使用了多种搜索技巧，还对搜索结果进行了判断。

（1）关键词搜索

访问搜索引擎网站后，直接输入需要查找的关键词并提交即可，如要搜索共和国勋章获得者，输入"共和国勋章获得者"，然后单击"百度一下"按钮搜索即可。在搜索框下方可以选择搜索的类型，如图2-3-14所示。

图2-3-14　关键词搜索

（2）关键词加双引号精准搜索

直接输入关键词进行模糊搜索会将相关的信息都搜索出来；使用关键词加上双引号，搜索出来的信息会和关键词完全匹配，而且顺序一致。使用关键词模糊搜索与使用双引号精确搜索关键词"电子图册制作"的对比效果如图2-3-15所示。

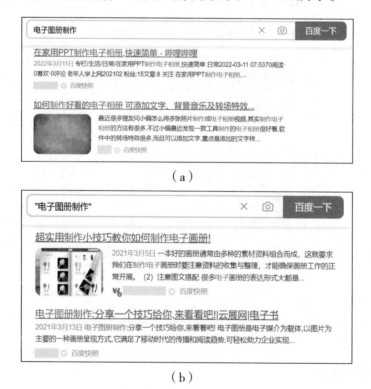

图2-3-15　搜索对比
（a）关键词模糊搜索；（b）关键词加双引号精确搜索

（3）多关键词组合搜索

当单个关键词搜索精度不够时，可以使用多个关键词组合，以缩小搜索范围，避免很多无关内容，每个关键词之间用"＋""空格""and"隔开。如要搜索"电子相册制作中的视频教程"，可以输入"电子相册＋制作＋视频教程"进行搜索，如图 2-3-16 所示。

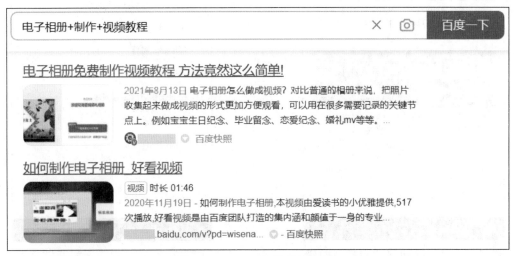

图 2-3-16　多关键词组合

搜索命令和技巧还有很多，如使用 site 命令限定网站搜索，使用 filetype 限定文件类型。各个搜索引擎还有其特殊的搜索方式，如在百度搜索框下方选择"更多"选项，可以看到更多的特色工具。

**2. 移动终端搜索资源**

当前越来越多的人使用移动终端上网，专门针对移动终端的内容也越来越丰富。小小回到家里，使用智能手机搜索"电子相册制作"的相关信息，尝试了多种方式。

（1）手机浏览器搜索

手机浏览器搜索方法与计算机终端的搜索方式类似，搜索技巧也通用，在地址栏中直接输入要搜索的内容即可。例如，在移动终端浏览器中搜索"制作电子相册 视频教程"，如图 2-3-17 所示。

（2）APP 内搜索

不少 APP 都提供了丰富的信息内容，可以很方便地搜索、浏览，主要代表有微信、QQ 手机版、抖音等，这些 APP 使用方法简单，直接在搜索栏中输入关键词搜索即可。

QQ 手机版可以搜索出相关的人和群。另外，还可以使用关键词进行全网搜索，例如，在 QQ 手机版中搜索关键词"电子相册制作"，如图 2-3-18 所示。

图 2-3-17  移动终端浏览器搜索

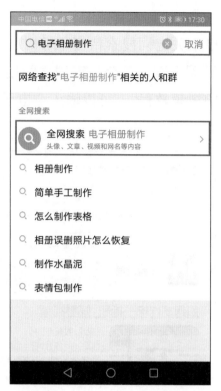

图 2-3-18  QQ 手机版搜索

### 3.特定范围获取资源

采用在特定范围内获取资源的方式能缩短查找时间，让资源内容更聚焦。特定范围主要是指在特定网站搜索，以及在网络社交圈内搜索。小小通过这两种方式对"电子相册制作"相关资源进行搜索。

（1）特定网站搜索

访问 bilibili 网站，输入关键词"电子相册制作"，如图 2-3-19 所示。

图 2-3-19  特定网站内搜索

小提示

Bilibili 等类似网站有评论、视频弹幕、点赞、转发等增值功能，提升了用户的参与感，但国家规定"打赏"需要实名认证，并且禁止未成年人参与。

（2）网络社交圈内搜索

朋友圈、公众号、主题论坛等属于网络社交圈的范畴，用户除了可以搜索相关信息外，还可以与网络社交圈内的人进行交流互动，进而获取更多资源。

在微信中使用"电子相册制作"关键词搜索，可以搜索出小程序、公众号、视频、朋友圈等类别中的关联信息，选择类别中的"公众号"，然后选择适合的公众号并关注，可以查看感兴趣的信息，还可以申请增值服务及与公众号管理者进行交流，如图 2-3-20 所示。

图 2-3-20　微信公众号搜索

### 4. 下载网络资源

通过前面的操作，搜索了不少的网页、文字、图片、文档、音频、视频和软件等相关资源。

（1）下载文档资源

文字、图片资源在前面步骤中边搜索边保存即可，本次收集的文档资源，主要在百度文库中下载。打开百度文库，输入关键词"电子相册制作"，在搜出的结果中可以进一步筛选范围、格式、时间等，如图 2-3-21 所示。在搜索结果中选择打开文档资源页面进行预览，然后可进一步免费或付费下载。

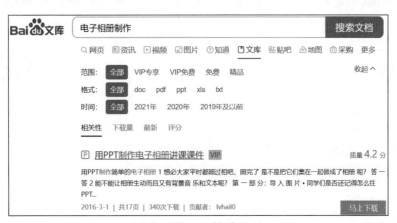

图 2-3-21　筛选文档

（2）下载视频、音频资源

本次收集的视频资源主要是电子相册视频模板，音频资源是背景音乐，可以通过搜索网站搜索免费资源，也可以在专业的素材网站上下载，如六图网、包图网等，这类网站提供的大部分素材是收费资源。在此以包图网为例，在搜索框中输入关键词"电子相册"进行搜索，在类别中选择"视频"，然后选择适合的视频下载即可，如图 2-3-22 所示。

图 2-3-22    搜索视频

（3）下载图片处理软件

制作电子相册过程中，会处理新会员的证件照，可分别在计算机终端和移动终端下载软件进行处理。

计算机终端处理图片的软件较多，有 Adobe Photoshop、CorelDRAW 等收费软件，可以登录官网下载试用版本，还有光影魔术手、美图秀秀等免费软件，可直接下载使用。利用浏览器搜索关键词"光影魔术手 官网"，登录官网后进行下载，如图 2-3-23 所示。

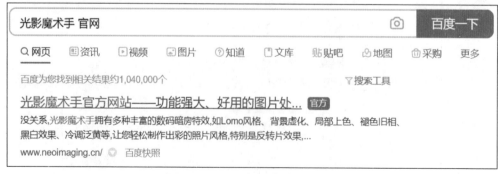

图 2-3-23    光影魔术手官网

移动终端图像处理软件较多，还有专门针对证件照处理的软件，打开移动终端官方"应用市场"，搜索关键字"证件照"，选择评分较高的 APP 下载使用。

### 保护知识产权就是保护创新

党的十八大以来，我国知识产权保护工作取得历史性成就。知识产权法律制度体系逐步完善，知识产权行政保护和司法保护显著加强。知识产权保护社会满意度由 2012 年的 63.69 分提高到 2020 年的 80.05 分。截至 2020 年年底，国内（不含港澳台）每万人口发明专利拥有量达到 15.8 件，有效商标注册量达到 3 017.3 万件，均为 2012 年的 4 倍多。核心专利、知名商标、精品版权、优质地理标志产品等持续增加。世界知识产权组织发布的全球创新指数报告显示，中国排名由 2013 年的第 35 位上升至 2021 年的第 12 位，连续 9 年稳步上升。2021 年 9 月，中共中央、国务院印发了《知识产权强国建设纲要（2021—2035 年）》，描绘出我国加快建设知识产权强国的宏伟蓝图。

加大知识产权保护力度，让知识产权深入经济社会各个层面、各个领域，是解决科技与经济"两张皮"问题，进一步深入实施创新驱动发展战略的关键。深刻领会知识产权保护的重大战略意义，为知识"定价"，给创新"赋权"，让成果受到尊重，使创造活力竞相迸发，为贯彻新发展理念、构建新发展格局、推动高质量发展提供有力支撑。

### 自我评价

请根据自己的学习情况完成表 2-3-2，并按掌握程度填涂 ☆。

表 2-3-2　自我评价表

| 知识与技能点 | 我的理解（填写关键词） | 掌握程度 |
| --- | --- | --- |
| 网络资源类别 | | ☆ ☆ ☆ |
| 网络信息检索方法 | | ☆ ☆ ☆ |
| 网络资源鉴别的方法 | | ☆ ☆ ☆ |
| 网络信息资源下载方法 | | ☆ ☆ ☆ |
| 收获与心得 | | |

**举一反三**

1. 在招聘网站搜索意向的工作岗位，对比多个公司的岗位要求、薪酬待遇等信息，与同学讨论未来的职业生涯发展规划。

2. 下载的图片清晰度不高，试试使用计算机终端搜索引擎中的"搜索相似图片"功能，搜索出高质量的图片。

3. 日常生活中会遇到生僻字，或购买商品时想对比同一商品在不同销售渠道价格的情况，在移动终端下载夸克浏览器，尝试使用"生僻字查询""商品价格查询"等功能，并分享给周边的人。

# 任务 ④　交流与发布网络信息

**任务描述**

　　当前，互联网让传统的信息交流方式发生了变革，遥远距离消失了，自由的网络交流，畅快的信息发布，正成为自然而然的事情。学校社团筹备招募新成员，小小所在团队承接了任务。

　　准备招募的新成员来自学校各个校区、专业、年级。小小团队商量后，觉得完全可以通过网络完成大部分任务，将招新信息发布在里面，有意向地发个人信息到指定的电子邮箱，最后再组织一次新成员的网络培训会。拟定任务路线如图 2-4-1 所示。

即时交流信息 → 发布在线信息 → 收发电子邮件 → 组织网络会议

图 2-4-1　任务路线

**感知体验**

　　沟通、交流是人类必备的技能，随着时代的变迁，沟通交流的形式也在不断地发生变化，调查以下几种常见沟通交流形式的特点及时效性，填入表 2-4-1 中，分析各种沟通交流方式的优缺点。

表 2-4-1　常见的沟通交流形式的特点及时效性

| 沟通交流形式 | 特　点 | 时效性 |
| --- | --- | --- |
| 书信 | | |
| 电话 | | |
| 电子邮件 | | |
| 短消息 | | |
| 即时聊天工具 | | |
| 其他 | | |

### 1. 即时通信

即时通信（IM）是指能够即时发送和接收互联网消息等的业务。国内比较受欢迎的即时通信软件有 QQ、微信等。图 2-4-2 所示为 QQ 登录界面。

### 2. 网络社交

互联网构建了一个超越地球空间之上的、巨大的网络群体，这个群体通过网络进行沟通交流、分享信息，提供这些服务的即是网络社交平台。传统的网络社交采用网络论坛，即电子公告

图 2-4-2　QQ 登录界面

板（Bulletin Board System，BBS），它是在网络上的公共讨论空间发布信息、讨论问题的网上交流场所。常用的网络论坛有百度贴吧、天涯社区等，如图 2-4-3 所示。

随着网络技术的发展，微博、微信朋友圈、QQ 空间、抖音短视频等新应用成为网络社交的新平台，如图 2-4-4 所示。

图 2-4-3　常见的网络论坛

图 2-4-4　网络社交新平台

实践操作

### 1. 即时交流信息

小小团队成员见面机会少，能全体集中在一起更不容易。这次学校社团招新的任务大部分在 QQ 上进行交流。QQ 除了即时通信外，还能进行网络远程操作。

（1）即时通信

在腾讯官网，下载安装 QQ 软件后打开，如果没有账号，可以选择"注册账号"，根据提示注册后登录。登录 QQ 后，就可以添加好友及建 QQ 群，然后就可以使用文字、语音、视频、图片等多种方式即时交流信息了，如图 2-4-5 所示。

（2）远程协作

QQ 提供了远程协作的功能："请求控制对方电脑""邀请对方远程协助"，双方同意后，就可以彼此控制计算机进行远程协助；"分享屏幕""演示白板"功能方便进行沟通交

流；腾讯在线文档、群投票等功能方便多人协作完成任务，如图 2-4-6 所示。

图 2-4-5 QQ 聊天界面　　　　　　　　　　图 2-4-6 远程操作

移动终端可以在官方应用市场下载 QQ APP，使用方式与计算机终端 QQ 的类似，使用更加方便，获取消息更及时。

### 2. 发布在线信息

团队成员根据平时的交流，完善了招收新成员的方案，大家分头用线上、线下结合的方式发布学校社团招新信息。线上发布使用了公众号、朋友圈等渠道；线下以展板的形式呈现，并附上线上渠道的二维码，最后引导有意向的同学加入招新专用 QQ 群。微信公众号主要在计算机终端进行信息发布和管理。

（1）注册登录

用计算机终端浏览器搜索"微信公众平台 + 官网"，使用微信扫描二维码或使用账号登录，如果没有账号，则注册后再登录，如图 2-4-7 所示。

图 2-4-7 微信公众号登录

（2）发布信息

在公众号管理页面中选择"新的创作"下面的"图文消息"类型，如图2-4-8所示，在打开的"图文消息"编辑页面中将招新信息编辑好后发布即可，如图2-4-9所示。

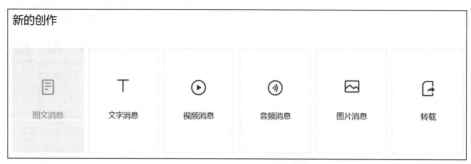

图 2-4-8    选择创作类别

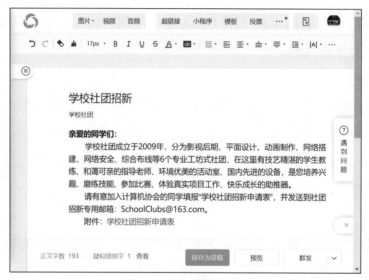

图 2-4-9    编辑信息

（3）分享信息

消息发布成功后，订阅了公众号的微信用户会收到信息，浏览后可以分享转发。

公众号有严格的审核机制，如果所发布的信息不合规合法，则会导致消息不能发布，严重的会被封号。所以分享转发消息前应该认真评估内容，不合规合法、敏感的信息不能分享转发。

### 3. 收发电子邮件

通过初步筛选后，有意向的同学需要将个人简历发送到学校社团专用的招新电子邮箱，为此，小小专门注册了163网易免费邮箱进行邮件收发。

（1）注册邮箱

在浏览器中打开163网易免费邮箱，单击"注册新账号"选项，根据提示注册邮箱账号，如果已经有账号，则直接登录即可，如图2-4-10所示。

图 2-4-10　登录 163 网易免费邮箱

（2）登录电子邮箱

使用账号、密码登录电子邮箱，如图 2-4-11 所示。

（3）收发电子邮件

在邮箱界面中单击"收信"选项即可查看收到的电子邮件；单击"写信"选项即可弹出窗口，依次填入"收件人""主题""内容"等相关信息发送电子邮件，如图 2-4-12 所示。如果有多个收件人，则用"；"号隔开；如果需要同时发送文件、压缩包等附件，可以单击"添加附件"按钮。

图 2-4-11　登录电子邮箱

图 2-4-12　发送电子邮件

QQ 邮箱现在使用得很广泛，使用方式与网易邮箱的类似，直接打开 QQ 主界面，在顶部单击"QQ 邮箱"即可使用，也可以直接在浏览器中搜索、打开 QQ 邮箱官方网站，输入 QQ 账号、密码登录即可。

### 4.组织网络会议

学校招新工作进入尾声，为了不占用大家学习时间，小小团队在周六利用免费的"腾讯会议"软件组织了一次网络会议，为新成员介绍了学校社团情况，并进行了沟通交流。

（1）注册登陆腾讯会议

在腾讯会议官网下载安装腾讯会议后启动，单击"注册/登录"按钮，根据要求完成注册后登录，也可以使用微信扫描二维码登录，如图 2-4-13 所示。

（2）加入腾讯会议

登录后有 3 种会议模式，单击"加入会议"，输入会议号即可加入会议；单击"快速会议"是作为会议主持人创建会议；单击"预定会议"可以进行会议预定，如图 2-4-14 所示。

图 2-4-13　注册腾讯会议

图 2-4-14　登录腾讯会议

（3）使用腾讯会议

进入会议后可以根据需要选择下方的"开启静音""开启视频""共享屏幕"等功能，如图 2-4-15 所示。

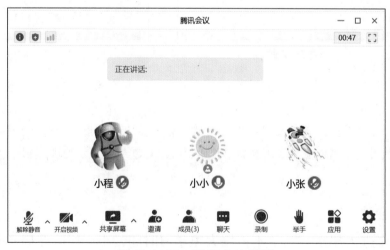

图 2-4-15　腾讯会议界面

（4）使用手机版腾讯会议

腾讯会议目前免费使用，用户不仅可以在计算机终端使用，还可以在手机上使用。手机端可在手机应用市场搜索下载腾讯会议 APP，使用方式和计算机终端的一致。

## 暴雨中的技术之善、人性之美

2021 年河南暴雨成灾，让全国人民的目光聚焦在中原大地，也让"风雨面前一起扛"的人间大爱书写在中原大地。为拯救更多急需帮助的人，一份"救命文档"浮出水面——有这样一群青年人，他们自发组织收集求助信息和援助情况，汇总成一个不断扩容的在线文档《待救援人员信息》。

这是相信奇迹、创造奇迹的救援接力。在"救命文档"里，每一次信息的发布、每一个条目的更新，背后映射的都是救援行动、关爱举动的给力。当发高烧的女生、84 岁的老人被成功救援，当被困一天没喝水的小宝宝得到了救助，当被困几小时待产的孕妇被送到了医院，守在屏幕前的"无名之辈"一次次被振奋、一次次被感动。是的，他们做到了！再平凡的善举，只要汇聚在一起，就是信心和力量，就能创造奇迹。

这是创新驱动、科技进步的技术赋能。小小的文档大显身手，竟能汇聚如此强大的救援力量。从虚拟世界的"救命文档"放眼现实世界暴雨中的向险而行、洪水中的逆流而上，就能深刻懂得为什么一方有难、八方支援总是我们义无反顾的坚定选择，为什么同舟共济、守望相助是根植于中华民族血脉的文化基因。

**自我评价**

请根据自己的学习情况完成表 2-4-2，并按掌握程度填涂 ☆。

表 2-4-2  自我评价表

| 知识与技能点 | 我的理解（填写关键词） | 掌握程度 |
| --- | --- | --- |
| 即时通信常用软件及使用方法 | | ☆☆☆ |
| 常用在线信息发布方法 | | ☆☆☆ |
| 收发电子邮件的方法 | | ☆☆☆ |

续表

| 知识与技能点 | 我的理解（填写关键词） | 掌握程度 |
|---|---|---|
| 组织参与网络会议的方法 | | ☆ ☆ ☆ |
| 收获与心得 | | |

**举一反三**

1. 使用计算机终端浏览器访问"新华网"官网，阅读新闻热搜榜排行第一的新闻，并将它分别转发到 QQ 群、微信群及微博，观察阅读者的反应，并分析原因。

2. QQ 群提供了分享屏幕、演示白板、直播间、花样直播、群课堂、签到等多种功能，其中，"群课堂"非常适合进行在线直播教学，也可以类似实现网络会议的功能，分小组建立 QQ 群，尝试使用"群课堂"进行网络会议。

# 任务 ⑤ 玩转网络工具

**任务导入**

　　随着互联网的普及，新应用层出不穷，小小发现学校社团里不少同学的网络应用技术很厉害，各种网络工具玩得溜溜转，极大地提高了学习、生活的便利性。小小希望自己也能玩转这些网络工具，成为网络达人。

　　网络工具极为丰富，在工作、学习及生活中均有体现，小小已经有了一定的网络应用基础，还想学会云存储、在线协同等常用工作类工具，在线学习、在线直播等数字化学习工具，以及网络购物等生活类工具。拟定任务路线如图 2-5-1 所示。

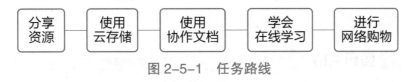

图 2-5-1　任务路线

**感知体验**

　　随着科技手段的日新月异，老师考勤的方式也越来越多样，从以前常规的按照花名册的名字或者学号点名，逐渐过渡成依靠各种小程序、APP 点名，以及指纹机打卡，最近还发展出了人脸识别的方式。请大家调查身边教师考勤的方式，分析其形式与特点，将结果填入表 2-5-1 中，研讨出一种最优的考勤方式。

表 2-5-1　各种考勤方式及特点

| 考勤方式 | 特点 |
| --- | --- |
| 点名 | |
| 纸质签到表 | |
| 扫二维码签到 | |
| 其他方式 | |

### 1. 云存储

云存储（Cloud Storage）是一种在线存储的模式，即把数据存放在第三方托管的多台虚拟服务器上，这些数据可能被分布在众多的服务器主机上，用户根据账户、密码等云存储凭证，可以随时随地使用所存储的资源，实现一个账号全网访问。提供云存储服务的有腾讯微云、华为云空间、百度网盘等，如图 2-5-2 所示。

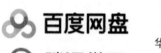

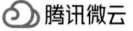

图 2-5-2　常见的云存储

### 2. 在线协同

在线协同是一种多人利用网络共同完成任务的方式，它打破了空间、时间的限制，能极大地提高效率。随着云计算、移动网络等技术的发展，在线协同应用领域越来越广泛，有腾讯文档、金山文档等协作文档工具，有钉钉、华为云 WeLink 等协同办公工具，有问卷星、金数据等在线数据收集，有腾讯会议、云屋等视频会议工具，还有有道云协作、比幕鱼等白板灵感类工具，如图 2-5-3 所示。

图 2-5-3　在线协同应用

### 3. 数字化学习

数字化学习是指在教育领域建立互联网学习平台，学生通过网络进行学习的一种学习模式，又称为网络化学习或 E-learning。数字化学习形式多样，有面对所有人的在线课程，如中国大学 MOOC、国家智慧教育公共服务平台等；有针对特定人群的学习平台，如学习强国、学校内部网络教学平台等，如图 2-5-4 所示。

图 2-5-4　数字化学习平台

数字化学习方式灵活，在计算机终端和移动终端上均可进行，突破了传统学习的时空限制，可以在任何时间、任何地点进行学习。

### 4. 网络购物

网络购物作为互联网经济的新业态，在我国得到了快速发展，它打破了时空限制，让消费者碎片化、个性化的消费需求得到极大满足。网络购物极大地促进了生产、加工、物流、服务等一系列产业链的发展，同时，促进了物联网、大数据、云计算等新技术的飞速发展，促进了线上线下产业的融合。

**探究活动**

电子商务按照参与的主体，可以分为 B2C、B2B、C2C、O2O 等多种模式，请查询资料填写表 2-5-2。

表 2-5-2 电子商务常见模式

| 简称 | 中文全称 | 典型电子商务网站举例 |
| --- | --- | --- |
| B2C | | |
| B2B | | |
| C2C | | |
| O2O | | |

**实践操作**

### 1. 分享资源

资源分享是网络的基本功能之一，在当前时代，分享资源越来越方便，很多软件都具有分享资源的功能，并且计算机终端与移动终端都能同步。小小所在学校社团的临时文件采用 QQ 分享，需要长期保存的文件使用百度网盘分享。

（1）QQ 分享资源

利用 QQ 能很方便地分享资源，直接打开聊天对话框，拖入文件、图片等，然后单击"发送"按钮即可，如图 2-5-5 所示；也可以在 QQ 群中分享资源，操作方法一样，分享的资源会被保存在群"文件"或群"相册"中，如图 2-5-6 所示。

图 2-5-5　QQ 分享资源

图 2-5-6　QQ 群分享资源

（2）百度网盘分享资源

登录百度网盘，右键单击需要分享的文件或文件夹，选择"分享"，在弹出的窗口中单击"创建链接"按钮，随后将分享的链接和提取码发给朋友，即实现了网络分享，如图 2-5-7 和图 2-5-8 所示。

图 2-5-7　百度网盘分享资源（一）

图 2-5-8　百度网盘分享资源（二）

在手机上登录 QQ、百度网盘 APP，所看到的资源与计算机终端的相同，即实现了云存储的功能。

### 2. 使用云存储

腾讯微云和百度网盘类似，是使用较多的云存储技术，它支持 QQ 账号、微信账号登录，同时支持网页、计算机终端、移动终端等多种访问方式。

（1）登录

在计算机终端浏览器中打开腾讯微云首页，用 QQ 账号或微信账号直接登录即可，如果需要注册新账户，则按照提示完成注册后再登录，如图 2-5-9 所示。

图 2-5-9　腾讯微云登录页

（2）使用网盘

在网盘中可以按照需求上传、下载和分享文件，创建、删除文件夹和文件，与计算机上的操作类似，如图 2-5-10 所示。

图 2-5-10　腾讯微云使用

无论是计算机终端还是移动终端，登录相同账号时所看到的内容均是相同的，在任意一处对文件或文件夹进行操作，所有平台的网盘均进行同样的操作，即实现了云存储的功能。

### 3. 使用协作文档

协作文档支持多人在线协同编辑，极大地提高了收集数据的效率。小小所在班级一直使用腾讯文档进行文档编辑和表格制作。

（1）登录打开

计算机终端打开浏览器，可以通过腾讯文档官网进行登录，也可以登录 QQ 客户端并单击面板最下方的"腾讯文档"按钮打开，如图 2-5-11 所示；对于移动终端，可以打开 QQ 手机版，进入系统菜单，单击"我的文件"选项，然后选择"腾讯文档"打开，如图 2-5-12 所示。

图 2-5-11    计算机终端腾讯文档                图 2-5-12    移动终端腾讯文档

（2）创建编辑在线文档

登录腾讯文档后，选择新建文档类型，其除了支持在线文档、在线表格、在线幻灯片等常用文档格式外，还支持在线收集表、在线思维导图、在线流程图等常用功能，如图 2-5-13 所示。

图 2-5-13    创建在线文档

进入在线文档编辑界面，按照需求进行编辑。编辑好的文档可直接保存在在线文档，无论是在计算机终端还是在移动终端，均可方便地使用，如图 2-5-14 所示。

图 2-5-14  编辑在线文档

（3）使用在线文档

在线文档编辑好之后，进行分享时，有"仅我自己""仅我分享的好友""所有人可查看""所有人可编辑" 4 种权限，还有分享给"QQ 好友""微信好友""复制链接""生成二维码" 4 种分享形式，按照具体需要进行分享即可，如图 2-5-15 所示。

创建好的在线文档，可邀请更多的人进行协作，大家编辑各自的部分即可，这样极大地提高了效率。

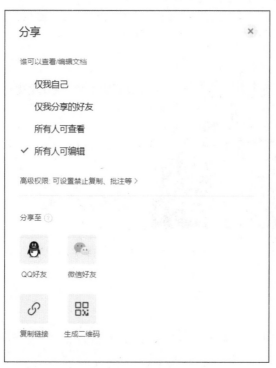

图 2-5-15  分享在线文档

### 4. 学会在线学习

在线学习是通过计算机互联网或是通过移动终端无线网络，在一个网络虚拟教室进行网络授课或学习的方式。在线学习网站和渠道较多，小小选择"中国大学 MOOC"进行在线学习。

（1）注册学习网站

在浏览器中打开"中国大学 MOOC"首页，单击右上角的"注册"按钮，根据提示注册账号，然后登录，如果已经有账号，则直接登录即可，如图 2-5-16 所示。

图 2-5-16　中国大学 MOOC 首页

（2）加入课程学习

在网站中浏览，选择需要学习的课程，如果该课程正处在开设状态，单击"立即参加"按钮即可加入课程学习，如图 2-5-17 所示。

图 2-5-17　参加课程学习

在移动终端上安装"中国大学 MOOC"APP，也可以很方便地进行学习，其操作方式和计算机终端的类似。

### 5. 进行网络购物

小小平时都到实体店购买书籍，但经常买不到喜欢的书。同学说可以到网上去购买，网上图书资源丰富，送货快，于是小小决定去当当网购书。

（1）访问网上书店

计算机终端使用浏览器登录当当网官网，也可以使用移动终端登录当当APP。通过浏览器打开官网后，可以采用站内搜索方式寻找书籍，也可以使用左边的"全部商品分类"进行选择，如图 2-5-18 所示。

图 2-5-18　访问购书网站

（2）选择图书

在搜索详情页面中单击感兴趣的书，进入详情页，如图 2-5-19 所示。

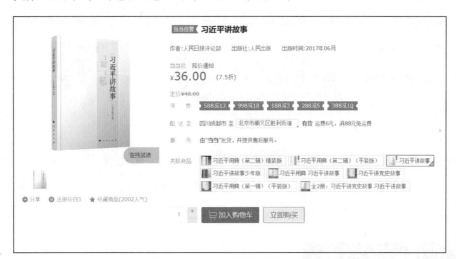

图 2-5-19　查看图书详情

（3）购买图书

进入图书详情页后，可以单击"加入购物车"按钮，也可以单击"立刻购买"按钮，结算时会提示登录账号。选择适合的登录方式登录后，打开支付页面，如图 2-5-20 所示。

依次按照提示填写物流地址，选择支付方式之后进行支付，完成购物流程。

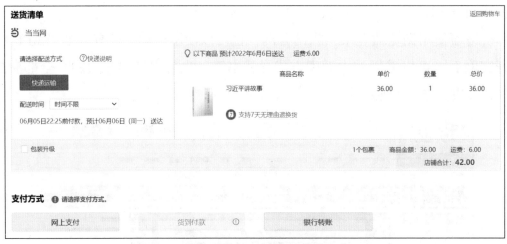

图 2-5-20　购买图书

 **小提示**

我国规定，网络支付基本功能服务为网络支付、提现、转账等，必要的个人信息包括：①注册用户移动电话号码；②注册用户姓名、证件类型和号码、证件有效期限、银行卡号码。年满 18 周岁才能办理银行卡并开通支付功能，如果未满 16 周岁，但需要网络支付，可以申请代付功能。

**拓展延伸**

## 远程控制

远程控制是指通过网络用一台设备去控制另外一台设备，被控制的计算机叫被控制端或者服务器端，控制别人的计算机叫控制端或客户端。远程控制大量应用于远程运维、远程技术支持及远程办公等场合，通常采用 Windows 远程桌面和远程控制软件等方法实现。

（1）Windows 远程桌面

Windows 远程桌面是单方面地控制对方的计算机，首先在 PC1 设置允许远程协助，然后在 PC2 中运行命令 "mstsc"，在打开的远程桌面连接窗口中输入 PC1 的 IP 地址，连接之后输入 PC1 的账号和密码即可，如图 2-5-21 所示。

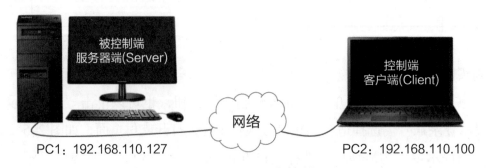

图 2-5-21　远程控制

（2）远程控制软件

Windows 自带的远程协助、远程桌面使用不方便，而且很难跨平台工作，很多公司开发了远程控制软件，拥有远程协助、远程桌面所有功能，而且计算机终端、移动终端均能使用，常用的有 QQ 远程桌面、向日葵、TeamViewer、VNC 等，如图 2-5-22 所示。

图 2-5-22　远程控制软件

请根据自己的学习情况完成表 2-5-3，并按掌握程度填涂☆。

表 2-5-3　自我评价表

| 知识与技能点 | 我的理解（填写关键词） | 掌握程度 |
| --- | --- | --- |
| 云存储的概念与使用方法 | | ☆ ☆ ☆ |
| 常见在线协同工具及协作文档使用方法 | | ☆ ☆ ☆ |
| 数字化学习的途径与方法 | | ☆ ☆ ☆ |
| 网络购物方法 | | ☆ ☆ ☆ |
| 收获与心得 | | |

**举一反三**

1. 云笔记作为互联网的应用之一，以其方便高效、安全，在计算机终端和移动端都能同步使用的优点，获得越来越广泛的使用，其代表有印象笔记、有道云笔记等。请试用"有道云笔记"，并与传统的笔记方式比较，总结各自优缺点。

2. 远程控制软件能很方便地实现远程访问。尝试使用免费的向日葵远程控制软件，实现计算机终端、移动端的相互访问，并讨论远程控制软件的利弊。

## 任务 6　感知物联网

**任务描述**

　　小小上学后，总担心姥姥在家的安全，她想搭建一个智能看家平台，不仅能为姥姥提供安全的生活环境，而且还能跟姥姥在线沟通交流。

　　为实现这一目标，需要根据小小的需求确定实施方案，并采购适合的设备，接入互联网，下载相关应用，以便实现相应的功能。拟定任务路线如图 2-6-1 所示。

图 2-6-1　任务路线

**感知体验**

　　在地铁站、公交站、学校周边、居民区、商业区等人流量大的地方，存放着大量方便大家出行的共享单车，而我们通过扫码骑车就是典型的物联网运用。通过如图 2-6-2 所示的蓝牙解锁示意图，结合相关网络资料查找，完成表 2-6-1。讨论：类似共享单车的物联网应用还有哪些？它们为我们工作、生活带来了哪些便利？

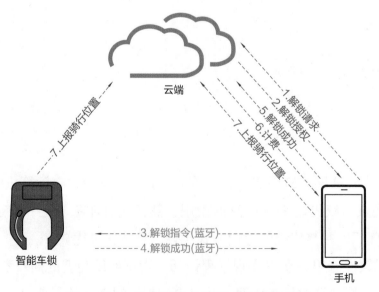

图 2-6-2　共享单车蓝牙模式解锁示意图

表 2-6-1　蓝牙解锁流程

| 操作步骤 | 实现功能描述 |
| --- | --- |
| 1 | |
| 2 | |
| 3 | |
| 4 | |

**知识学习**

### 1. 我国物联网的发展

物联网被称作继计算机、互联网之后世界信息产业的第三次浪潮。它以互联网为基础，将互联网时代人与人为主体的交流延伸到了任何物品，实现了全球范围内人与人、人与物、物与物的信息交换和通信。

关于物联网的定义，目前没有完全统一的说法，我国政府工作报告对物联网做了如下注解：物联网是通过信息传感设备，按照约定的通信协议，把任何物品与互联网连接起来进行信息交换和通信，以实现智能化识别、定位、跟踪、监控和管理的一种信息化网络。

2006 年，我国《国家中长期科学和技术发展规划纲要（2006—2020 年）》将传感器网络列入重点研究领域，开启了我国物联网研究的新征程，如今物联网已经成为我国战略性新兴产业并上升为国家发展战略。2021 年 3 月，由我国主导制定的全球首个物联网金融领域国际标准对外发布，提升了我国在物联网金融国际标准领域的话语权和影响力。

**探究活动**

利用互联网进一步学习物联网、互联网相关知识，能区分物联网与互联网的异同。

### 2. 物联网的特征

物联网具有三个典型特征，即物体全面感知能力、数据互联互通能力、信息智能处理能力，如图 2-6-3 所示。

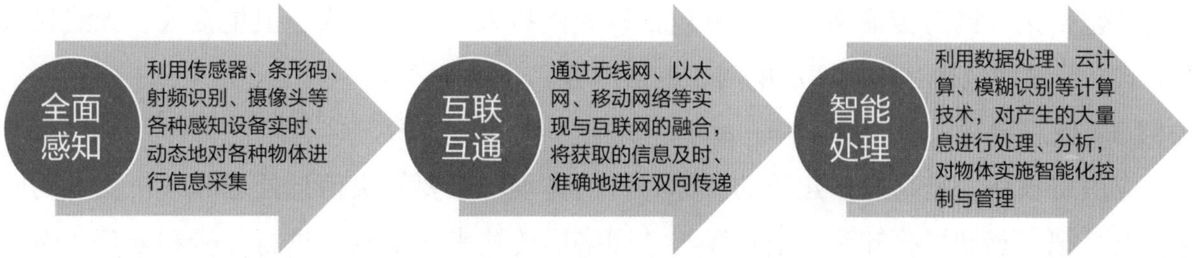

**全面感知** 利用传感器、条形码、射频识别、摄像头等各种感知设备实时、动态地对各种物体进行信息采集

**互联互通** 通过无线网、以太网、移动网络等实现与互联网的融合，将获取的信息及时、准确地进行双向传递

**智能处理** 利用数据处理、云计算、模糊识别等计算技术，对产生的大量息进行处理、分析，对物体实施智能化控制与管理

图 2-6-3　物联网的典型特征

### 3. 物联网的体系结构

目前，公认的物联网的体系结构主要有感知层、网络层和应用层三个层次，如图 2-6-4 所示。

应用层
绿色农业　工业监控　公共安全　城市管理　智能家居　远程医疗

网络层
3G网络　物联网管理中心（编码、认证、鉴权、计费）　4G网络　物联网信息中心（信息库、计算能力集）　5G网络

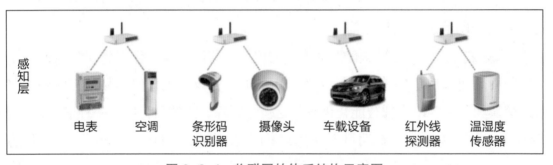

感知层
电表　空调　条形码识别器　摄像头　车载设备　红外线探测器　温湿度传感器

图 2-6-4　物联网的体系结构示意图

（1）感知层

感知层被认为是物联网的核心层，位于物联网体系结构的最底层，主要解决数据的采集问题，又被称作物联网的感觉器官。感知层由各种传感器及传感器网关构成，该层的核心技术包括检测技术、无线组网技术、传感技术、射频技术、短距离无线通信技术等。目前使用最多的产品包括传感器、摄像头、无线路由器及无线网关等。

（2）网络层

网络层又被称为传输层，是物联网的神经系统，主要解决在一定范围内感知层传输所获得的数据的问题，实现网络接入和数据传输功能，是进行信息交换、数据传递的通路。其包括接入网与传输网。接入网包括以太网接入、光纤接入、卫星接入、无线接入等方式；传输网包括互联网、广电网、电信网等。

（3）应用层

应用层被认为是物联网建设的目标和价值体现，主要解决信息处理和人机交互的问题，就是把"感知层感知到的信息"与"网络层传输来的信息"进行分析和处理，做出正确的控制和决策，更好地满足国民经济和社会生活需要。

#### 4. 物联网的常见设备

物联网涉及的行业众多，应用领域广泛，设备品种多样，尤其以感知层设备最为丰富，常见的设备如图 2-6-5 所示。

摄像头　　温湿度传感器　　条码阅读器　　智能音箱　　智能网关

图 2-6-5　常见物联网设备

#### 5. 物联网的应用领域

随着物联网技术的深入发展，物联网已经在国民经济建设的方方面面发挥着重要的作用，不断推动我国信息化、现代化、智能化发展，无论是传统文化传承、脱贫攻坚还是在线教育、乡村振兴方面，都有物联网的身影。

（1）智慧城市

智慧城市是指充分运用信息和通信技术手段，感测、分析、整合城市运行核心系统的各项关键信息，对包括民生、环保、公共安全、城市服务、交通调度等在内的各种需求做出智能响应和决策，为人类创造更美好的城市生活，如图 2-6-6 所示。

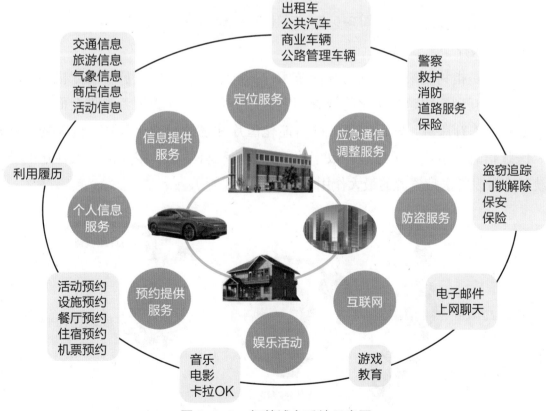

图 2-6-6　智慧城市系统示意图

（2）智慧校园

智慧校园是指利用物联网、云计算、大数据分析等核心技术，构建的全面感知、智慧运行、安全可靠的教学、科研、管理、生活服务为一体的智慧型学习环境，提升对教育教学、教育管理的洞察、分析、监控和预测的能力，更好地促进教、学、研、管的高度协同运行，全面提高教育教学管理水平和教学质量，如图 2-6-7 所示。

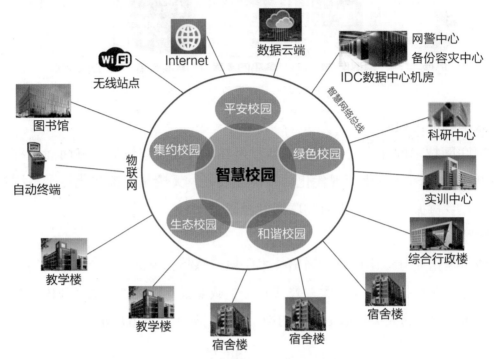

图 2-6-7　智慧校园系统示意图

（3）智慧医疗

智慧医疗是指利用最先进的物联网技术，实现患者、医务人员、医疗机构、医疗设备之间的信息互动，构建智能化的健康档案医疗信息平台，为患者提供全面、专业、安全、个性化的医疗服务，从而实现人的智能化医疗和物的智能化管理，构建物资管理可视化、医疗信息数字化、医疗过程数字化、医疗流程科学化、服务沟通人性化的智慧医疗系统，充分发挥医疗资源的最大作用，如图 2-6-8 所示。

图 2-6-8　智慧医疗体系示意图

（4）智能安防

智能安防是指通过互联网、物联网、跟踪定位等技术手段的运用，在城市农村、街道社区、楼宇建筑、机场、码头、水电气厂、桥梁大坝、河道、地铁等场所建立全方位、立体化、智能化的立体防护系统，如城市管理系统、环保监测系统、交通管理系统、应急指挥系统等综合性平台，确保社会生产生活的正常、有序、安全，如图 2-6-9 所示。

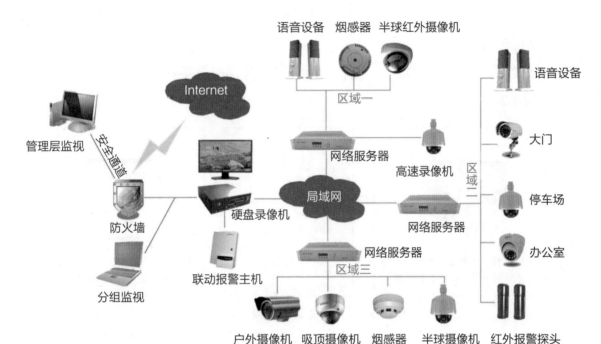

图 2-6-9　智能安防系统示意图

除上述应用领域外，物联网在智慧物流、智慧交通、智慧农业、智能制造、智能电网等领域都有广泛的运用。

**实践操作**

智能摄像头作为智能家居的一种常用设备，功能越来越强大，除了能看家护院外，还能远程报警、语音通话，非常适合有老人、小孩的家庭。小小的姥姥经常独自在家，为了随时照看，决定为其安装智能摄像头，将其布置成为远程家庭安防平台。

1. 规划方案

小小通过对姥姥活动范围进行分析，确定在姥姥活动较多的客厅安装一款智能摄像头，一方面网络接入比较便捷，另一方面和姥姥通话、视频也很智能。

2. 选购设备

可实现远程家庭安防平台的智能摄像头品类很多，比较后选择一款适合的智能摄像头，如图 2-6-10 所示。

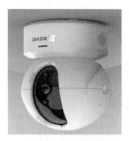

图 2-6-10　设备选购

### 3. 装调摄像头

安装摄像头并接入互联网，一般个人物联网设备都配有手机 APP 控制软件，便于安装调试，如图 2-6-11 所示。

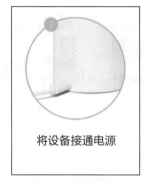

图 2-6-11　摄像头安装调试示意图

### 4. 实现功能

对远程家庭安防平台软件进行配置，实现远程可操作、实时通话等功能，如图 2-6-12 所示。

图 2-6-12　实现功能示意图

## 自我评价

请根据自己的学习情况完成表 2-6-2，并按掌握程度填涂 ☆。

表 2-6-2　自我评价表

| 知识与技能点 | 我的理解（填写关键词） | 掌握程度 |
| --- | --- | --- |
| 物联网的概念与特征 | | ☆ ☆ ☆ |
| 物联网的体系结构 | | ☆ ☆ ☆ |
| 物联网的应用领域 | | ☆ ☆ ☆ |
| 智慧城市的运用 | | ☆ ☆ ☆ |
| 物联网解决方案实施 | | ☆ ☆ ☆ |
| 收获与心得 | | |

## 举一反三

品质生活，从智慧社区开始；幸福指数，从万物互联出发。小区管道漏水、电路故障，在线管家能第一时间知晓；下班回家，小区大门、单元门自动为你打开；办事不知道找哪个部门，社区小程序里一查便知……生活在智慧社区，居民有了 24 小时在线的"保姆"。通过网络查找、学习智慧社区相关知识，构建心中理想的智慧社区，让智慧社区"保姆"的能力越来越强大，越来越温馨，越来越智能。

# 专题总结

通过本专题的学习，了解了互联网的发展和网络设备的功能，以及基本的网络设置操作方法；能运用网络工具从网络中检索和获取信息资源；会通过电子邮件收发、即时通信、传送信息资源和网络远程操作等方式进行网络交流；会使用云笔记、云存储等网络工具进行多终端资料上传、下载、信息同步和资料的分享；还能在网络购物、网络支付等互联网生活情境中运用网络工具编辑、加工和发布个人网络信息；能借助网络工具多人协作完成任务。除此之外，还了解了物联网的常见设备及软件配置的基本认识，为以后专业学习和实践打下基础。

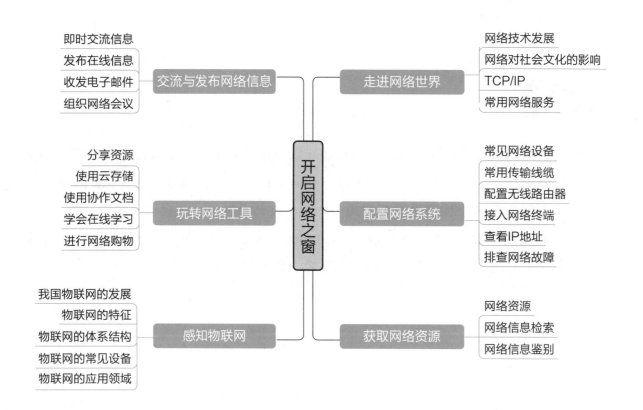

# 专题练习

一、单选题

1. Internet 的前身是（　　　）。

A. ARPANET　　　　　B. 物联网　　　　　C. 万维网　　　　　D. 移动互联网

2. 通常认为互联网诞生于（　　　）。

A. 1945 年　　　　　B. 1969 年　　　　　C. 1983 年　　　　　D. 1989 年

3. 查看自己 IP 地址的命令是（　　　）。

A. ipconfig　　　　　B. ping　　　　　C. cmd　　　　　D. netstats

4. 电子邮件简称为（　　　）。

A. WWW　　　　　B. FTP　　　　　C. E-mail　　　　　D. HTTP

5. 电子邮件的一般格式是（　　　）。

A. IP 地址 @用户名　　　　　　　　　B. 用户名 @IP 地址

C. 用户名 @ 域名　　　　　　　　　　D. 域名 @用户名

6. WWW 是（　　　）。

A. 网页　　　　　B. 万维网　　　　　C. 浏览器　　　　　D. 超文本传输协议

7. 在互联网服务中，用于文件传输的是（　　　）。

A. Telnet　　　　　B. HTTP　　　　　C. E-mail　　　　　D. FTP

8. 下列网站是搜索引擎的是（　　　）。

A. www.baidu.com　　　　　　　　　B. www.CCTV.com

C. www.xinnhuanet.com　　　　　　　D. www.people.com.cn

9. 以下是在线数据收集工具的是（　　　）。

A. 钉钉　　　　　B. 问卷星　　　　　C. 腾讯会议　　　　　D. 支付宝

10. 以下不属于云存储工具的是（　　　）。

A.360 安全浏览器　　　B. 百度网盘　　　　　C. 腾讯微云　　　　　D. 华为云空间

11. 以下不属于即时通信软件的是（　　　）。

A. QQ　　　　　B. 微信　　　　　C. 阿里旺旺　　　　　D. 淘宝网

12. 网络购物平台很多，京东网属于（　　　）。

A. B2C　　　　　B. C2C　　　　　C. B2B　　　　　D. C2B

13. 以下使用移动终端下载 APP 不正确的操作是（　　　）。

A. 手机官方应用商店下载 APP　　　　B. 手机浏览器随意下载 APP

C. 从信誉良好的应用商店下载 APP　　D. 选取下载次数较多的热门应用下载

14. 以下不属于物联网感知层的设备是（　　　）。

A. 压力传感器　　　　B. 温湿度传感器　　　　C. 摄像头　　　　D. 5G 网络

15. 位于物联网体系结构最底层，主要解决数据采集问题的是（　　　）。

A. 网络层　　　　B. 应用层　　　　C. 感知层　　　　D. 传输层

二、判断题

1. 使用搜索引擎搜索时，将关键词加上双引号代表模糊搜索。　　　　　（　　）

2. TCP 是指传输控制协议。　　　　　（　　）

3. 在互联网上浏览时，浏览器和 WWW 服务器之间传输网页使用的协议是 FTP。
（　　）

4. ping 命令用于测试网络设备之间的连通性。　　　　　（　　）

5. 云存储通常是把数据存放在第三方托管的多台虚拟服务器上，这些数据可能被分布在众多的服务器主机上。　　　　　（　　）

三、实践操作题

1. 策划一次周边游，约几个同学一起利用网络确定游览线路，并将规划方案分享到聊天群中，请朋友们点评。

2. 将旅游规划完成稿及用到的网络技术、网络应用进行梳理，整理成报告，在班上进行分享，同时利用网络会议软件邀请自己的亲友参与分享。

# 专题 3 编绘多彩图文

如今，各式各样的信息化应用工具层出不穷，信息内容丰富多彩，从我们身边的书籍、文件到互联网上的文章、图片，都是图文编辑的成果。根据业务要求选用不同类型的图文编辑软件进行文、表、图的编辑排版，不仅是工作必需，也是知识交流的重要的方式，与生活、学习息息相关。

## 专题情景

2020 年 5 月 21 日是联合国确定的首个"国际茶日"。我国西部某市拟举办茶文化节，弘扬中华茶文化，推广本地茶叶。小小所在团队有幸参与此项活动的前期工作，任务是制作茶文化节的宣传册及邀请函。

## 学习目标

1. 了解不同类型的图文编辑工具的操作方法，并能根据业务需求综合选用。

2. 会设置文本、段落和页面格式，会制作表格，能绘制简单的二维和三维图形。

3. 会使用目录、题注等文档引用工具，会应用数据表格和相应工具自动生成批量图文内容。

4. 了解图文版式设计基本规范和美学常识，会对文、图、表进行混合排版和美化处理。

5. 会查询替换、检查校对文档内容，会修订和批注文档信息，会对文档进行信息加密和保护，会转换、合并、打印文档。

6. 了解图文编辑的业务规范、版式规范和美学常识，培养创新创意设计能力。

任务 1　制作宣传册封面

**任务描述**

　　宣传册主要由封面、目录、正文等几部分构成。封面是作品的第一页，是书籍装帧设计艺术的门面，通过艺术形象设计的形式来表达书籍的内容或主题。图形、色彩和文字是封面的三要素，需要根据主题的性质、内容、用途和受众将三者有机结合起来，从而表现丰富内涵。本任务主要探讨封面的制作。

　　小小准备利用图文编辑软件，按照文档创建、页面设置、背景图形绘制填充、主题图片插入修饰等步骤，制作"茶文化节宣传册"封面。任务路线如图 3-1-1 所示，完成效果如图 3-1-2 所示。

图 3-1-1　任务路线

图 3-1-2　茶文化节宣传册封面

**感知体验**

　　封面设计一般主要从以下几个方面考虑。

　　①构思立意新颖。宁简毋繁，用明确的图形制造视觉冲击力，用简约的设计元素营造丰富的画面，大胆舍弃复杂冗余的信息，突出作品主旨。

　　②构图构形典雅。宁稳毋乱，封面设计整体来说要做到切题、有感染力、清新活泼、有现代感。局部上，一般有一两个动态元素，突出动感，但不宜太多。还可以将表达主

题的多个词汇用不同对象同时有机呈现。

③制作美丽规范。宁明毋暗，封面图片或图表应该与封面主题一致，色彩的运用要考虑内容的需要，以不同色彩对比的效果表达不同的内容和思想。封面设计在对比中力求统一协调，以间色互相配置为宜。封面的文字要突出标题，表现清晰，整齐有序，常用字体有书法体、美术体、印刷体三种。

请欣赏图 3-1-2 所示的设计效果，在表 3-1-1 中填写自己的感知体验。

表 3-1-1　茶文化宣传册封面感知体验

| 序　号 | 内　容 | 感知体验 | 知识技能准备 |
| --- | --- | --- | --- |
| 1 | 构思立意 | | |
| 2 | 布局设计 | | |
| 3 | 颜色搭配 | | |
| 4 | 文档内容 | | |
| 5 | 外观效果 | | |

## 知识学习

### 1. 图文编辑软件

图文编辑是书籍、杂志、报纸、广告宣传等众多领域场景必需的工作任务，通常利用专门的计算机图文编辑软件集成图片、图形、文字、表格等媒体素材，调整位置、大小、颜色、效果等外观或布局，使版面设计美观合理，并表达某个主题。常见图文编辑软件及应用领域见表 3-2-1。

图文编辑软件一般提供字符输入及格式化、段落编排、页面设置、图形绘制及布局设置、图像插入和简单处理、表格编排和图表制作、批注和引用等功能。目前比较成熟的图文编辑软件有 WPS Office、Microsoft Office 等，图文编辑软件一般有文字处理、数据处理、演示文档制作三个主要组件，图 3-1-3 所示为 Microsoft Office 产品中的文字处理软件 Word 的主界面。

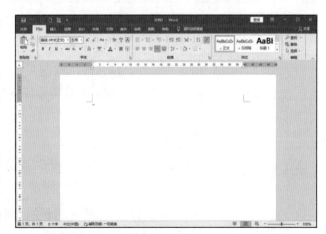

图 3-1-3　文字处理软件 Word 的主界面

表 3-1-2　常见图文编辑软件及应用领域

| 类别 | 软件名称 | 应用领域 | 在线版本 |
|---|---|---|---|
| 通用图文编辑软件 | WPS Office | 通用图文文档编辑排版 | 金山文档 |
| | Microsoft Office | | Office 365 |
| 专业排版设计软件 | 方正飞腾排版 | 报刊、期刊、书籍排版设计 | — |
| | Adobe InDesign | 书籍、宣传品、电子出版物编辑排版 | — |
| 移动终端编排软件 | 易企秀、美篇 | 移动终端上进行产品宣传,发布图、文、音视频短文 | — |

**探究活动**

　　请结合自己生活和学习中了解的图文处理习惯，在表 3-1-3 中列举不同场景图文编辑软件的应用形式。

表 3-1-3　通用图文编辑软件选用指南

| 应用场景 | 编辑内容 | 选用软件 |
|---|---|---|
| 学校通知 | 文字格式 | WPS 文字、Word |
| 学生信息表 | 表格 | WPS 表格、Excel |
| | | |
| | | |

## 2. 文本的基本操作

　　图文编辑软件的最基本功能是文字操作，通常有输入文本、选择文本、复制文本、移动文本，具体操作方法见表 3-1-4。

表 3-1-4　文本编辑的基本操作

| 操作内容 | 操作方法 |
|---|---|
| 输入文本 | 将光标定位到插入点，敲击键盘输入中文汉字或英文字母。单击"插入"菜单的"符号"选项，可输入特殊符号，如图 3-1-4、图 3-1-5 所示 |
| 选择文本 | 定位光标，按住鼠标左键并拖动至结束位置，选择任意连续文本。照此操作，同时按下 Ctrl 键，可选择不连续的多组文本。将鼠标移动到页面左外侧，待鼠标箭头变为 时，单击选择一行，双击选择段落，连续三次单击选择整篇文档（Ctrl+A 组合键） |
| 复制文本 | 按下 Ctrl 键，将已选中文本拖到新位置，或先后使用 Ctrl+C 和 Ctrl+V 组合键，完成内容的复制和粘贴 |
| 移动文本 | 选中内容后，直接拖到新的位置，或先后使用 Ctrl+X 和 Ctrl+V 组合键，通过剪切和粘贴实现文本的移动 |

图 3-1-4　插入常用符号　　　　　　图 3-1-5　"符号"对话框

### 3. 页面布局

页面是图文编辑时所有内容的基本容器，所有内容都应在页面中。开始图文编辑前，通常要进行页面布局，也就是设置页面大小、页面方向、页边距、页眉页脚、页码等元素。

**实践活动**

常见纸张大小有 A4、A3 规格，页面方向通常有横向和纵向两个布局方式，每个页面的页边距就是内容区域与页面上下左右边缘的距离。页面顶端上边距与页面边缘之间是页眉，常用于放置文档名称、主题、企业标识（logo）、企业标语等内容。页面底端下边距与页面边缘之间的部分是页脚，常用于放置页码。请在页面布局示意图 3-1-6 中标注各个页面元素。

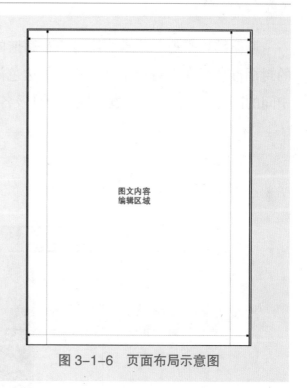

图 3-1-6　页面布局示意图

### 4. 版式设计

版式设计是指设计人员根据设计主题和视觉需求，在预先设定好的有限版面内，运用造型要素和形式原则，根据特定主题与内容的需要，将文字、图片（图形）及色彩等视觉传达信息要素进行有组织、有目的的组合排列的设计行为与过程。常见的版式有骨骼型、满版型、上下分割型、左右分割型、中轴型、曲线型、倾斜型、对称型、三角型等，如图 3-1-7~ 图 3-1-9 所示。

图 3-1-7　倾斜型版式

图 3-1-8　三角型版式

图 3-1-9　左右分割型版式

**探究活动**

请同学们上网检索各类版式的样例图片，并讨论分析不同版式的结构特征。

**实践操作**

遵循结构平衡、艺术韵律与色彩和谐的造型规律，结合主题和内容，茶文化宣传册的封面准备采用左右分割型版式，右边色深，左边留白，形成视觉心理的不平衡，强调中间的图片，突出表现主题。版式设计及各部分的制作过程如图 3-1-10 所示。

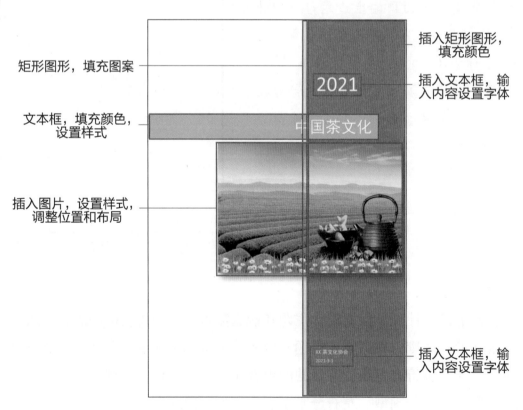

图 3-1-10　封面版式规划

### 1. 新建文档

启动 WPS Office 软件，单击左侧列表中的"新建"图标（或在已打开的 WPS 文档中使用 Ctrl+N 组合键快捷创建），弹出"新建"界面，在窗口顶端选择一种文档类型，随后单击"新建空白文档"创建一个无任何数据的文件，或单击"新建在线文档"创建一个在线协作文档，或选择其他预置模板创建已格式化的文档，如图 3-1-11 和图 3-1-12 所示。

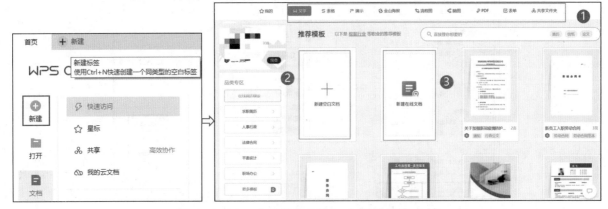

图 3-1-11　在 WPS Office 中新建空白文档

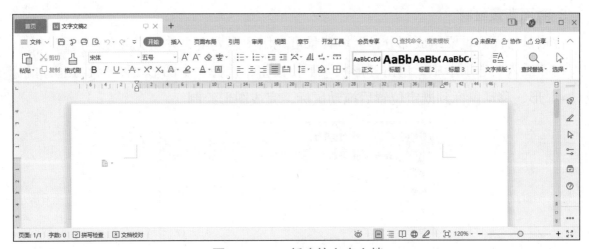

图 3-1-12　新建的文字文档

### 2. 封面布局设置

**方式 1**：在"页面布局"选项卡中，设置"页边距"上、下、左、右均为 0，"纸张方向"为"纵向"，"纸张大小"为"A4"，如图 3-1-13 所示。

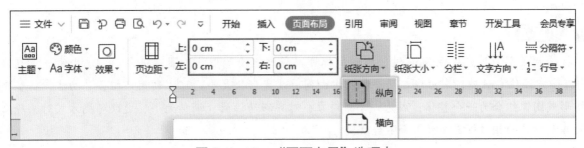

图 3-1-13　"页面布局"选项卡

方式2：在"页边距"按钮的下拉菜单中单击"自定义页边距"命令，弹出"页面设置"对话框进行设置，如图 3-1-14 所示。

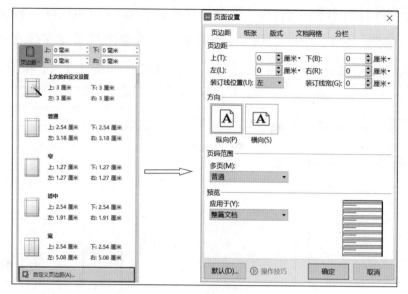

图 3-1-14 "页面设置"对话框

### 3. 封面背景绘制

背景是封面的重要组成部分，区域背景可先用图形划定，并填充颜色。

在"插入"选项卡中，单击"形状"下拉按钮，选择一个图形（图 3-1-15），鼠标变为"+"形，移动鼠标到既定位置后拖动鼠标，完成图形绘制。

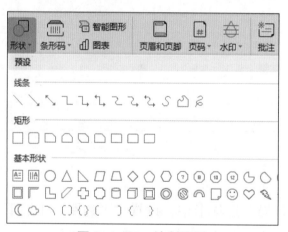

图 3-1-15 绘制图形

绘制图形时，先按住 Shift 键，拖动鼠标可以成比例绘制形状（圆、正方形、水平线、垂直线等）；先按住 Ctrl 键，则可以在两个相反方向同时改变形状大小。可以利用"组合"功能，将多个图形或图像组合为一个整体，成为一个新对象，对齐移动位置、调整大小、更改环绕方式时，原有的各个对象的相对位置和大小等不会改变。

选中图片，单击"绘图工具"的"填充"下拉按钮，先为图形填充"主题颜色"，再单击"更多设置"命令，选择"图案填充"，为图形填充图案，如图3-1-16所示。

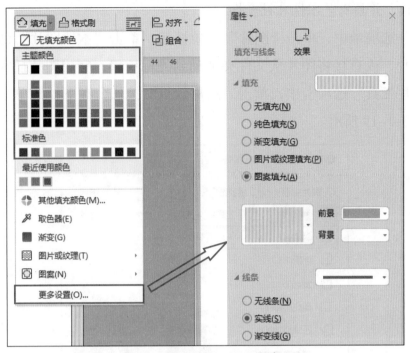

图 3-1-16 插入图形并填充

### 4. 封面主题文字编辑

主题文字是封面的核心要素，占据封面主要位置，在字形、大小、色彩等方面应突出表现主旨。

在"插入"选项卡中，单击"文本框"下拉按钮，选择"横向文本框"命令，插入一个横向文本框，输入文字"中国茶文化"，如图3-1-17所示。

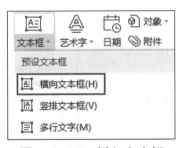

图 3-1-17 插入文本框

选中文本框，在"文本工具"中选择一种内置样式，如图3-1-18所示。

图 3-1-18 为文本框选择内置样式

### 5. 插入封面主题图片

封面中的主题图片能直接体现宣传册的主题思想，重要性仅次于封面主题文字，应与主题表现一致，并具有艺术性和社会性。

在"插入"选项卡中，单击"图片"下拉按钮，单击"本地图片"命令，从本地硬盘选择一张图片，或直接将图片从文件夹拖动到光标位置，完成图片插入。随后，选中图片，在"图片工具"选项卡中，单击"图片效果"按钮，在下拉菜单中为图片设置多种效果，如图 3-1-19 所示。

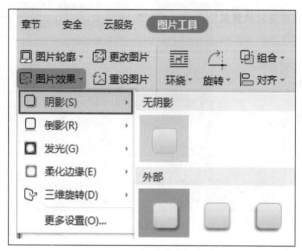

图 3-1-19　设置图片效果

### 6. 保存封面文件

图文编辑软件一般有自己特点的文件格式，WPS 文字的默认文件格式是".wps"，也兼容 Word 的".docx"或".doc"格式，同时还支持导出版式文件，如 PDF 或 OFD 文件。

完成封面编辑制作后，将文件保存为"封面 .docx"或"封面 .wps"类型（图 3-1-20），并导出一份 PDF 格式的文件，如图 3-1-21 所示。

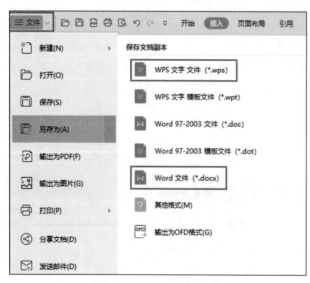

图 3-1-20　保存文件

图 3-1-21　从 WPS 文字输出 PDF 文件

## 汉字激光照排系统

激光照排技术是电子排版系统的大众化简称,它将文字通过计算机分解为点阵,然后控制激光在感光底片上扫描,用曝光点的点阵组成文字和图像。电子排版系统的诞生,给出版印刷行业带来了一次革命性的变革。

汉字激光照排系统是由王选(王选被称为"当代毕昇""汉字激光照排系统之父",先后被评为科学院和工程院院士,荣获"联合国教科文组织科学奖",荣获 2001 年度国家最高科学技术奖)主持的一项伟大发明,是我国自主创新的典型代表。它的产业化和应用,取代了我国沿用数百年的铅字印刷。汉字激光照排系统的研制过程经历了种种困难,王选凭着非凡的毅力和对创新的执着,带领研发团队,克服了重重困难,使中文印刷业告别了"铅与火",大步跨进"光与电"的时代(图 3-1-22)。

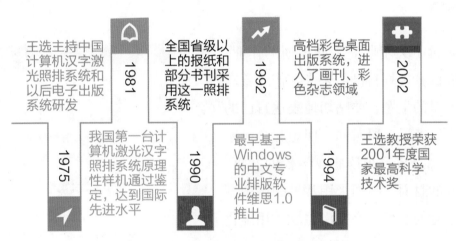

**图 3-1-22 激光照排技术的发展历程**

**自我评价**

请根据自己的学习情况完成表 3-1-5,并按掌握程度填涂☆。

表 3-1-5 自我评价表

| 知识与技能点 | 我的理解(填写关键词) | 掌握程度 |
| --- | --- | --- |
| 图文编辑软件的常用功能 | | ☆ ☆ ☆ |
| 新建文档 | | ☆ ☆ ☆ |
| 设置页面的边距、方向和大小 | | ☆ ☆ ☆ |

续表

| 知识与技能点 | 我的理解（填写关键词） | 掌握程度 |
| --- | --- | --- |
| 图形绘制和修饰 | | ☆ ☆ ☆ |
| 图像插入和效果设置 | | ☆ ☆ ☆ |
| 插入文本框及文字格式的简单设置 | | ☆ ☆ ☆ |
| 文件的保存和格式转换 | | ☆ ☆ ☆ |
| 收获与心得 | | |

**举一反三**

老师布置了关于职业生涯规划的作业，希望同学们认真规划自己的未来。作业要求有一个正能量的主题，要贴切地表达自己的志向。小小思考了一段时间，回想起自己家乡的特色，结合自己报读职业学校的初衷，设计了规划的封面。封面采用常见的满版型构图，用中心的红色文字突出主题，用虚化的茶叶表现家乡的美丽，用初沏的茶表达自己的初心和追求，如图 3-1-23 所示。请同学们参考图 3-1-23，用 WPS 文字制作职业生涯规划课程设计封面。

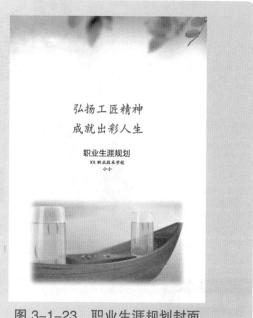

图 3-1-23　职业生涯规划封面

任务 **2**　　**编排宣传册正文**

任务描述

　　小小完成了封面制作，对"茶文化节宣传册"的制作过程已经熟悉，有了强烈的工作信心和热情。小小接下来的工作内容是以茶文化为主题，介绍茶的历史和健康饮茶内容，制作两页的图文作品。

　　本任务以茶文化的具体内容为载体，涵盖了文字格式的设置、段落样式的设置、艺术字修饰的文章标题、主题图片的文字环绕位置、智能图形和思维导图绘制、页码添加等内容。任务路线如图3-2-1所示，完成效果如图3-2-2和图3-2-3所示。

图 3-2-1　任务路线

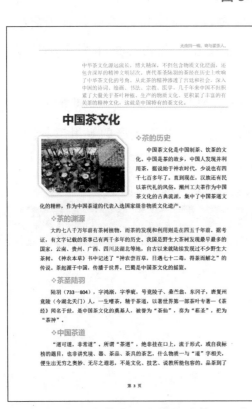

图 3-2-2　宣传册正文效果（第一页）

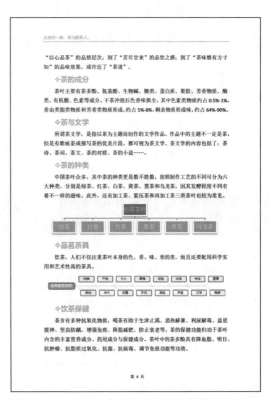

图 3-2-3　宣传册正文效果（第二页）

**感知体验**

常见图文作品是通过文字和图片的混合排版，以不同效果、外观和差异化布局清晰地分层次表现不同级别内容。

图文编辑一般需要遵循以下规范。

• **对齐原则**：页面中的每一个元素都应该尽可能地与其他元素以某一基准对齐，从而为页面中的所有元素建立视觉上的关联。

• **紧凑原则**：相关元素成组地放在一起，让页面中的内容更清晰、更具结构化。

• **空白原则**：一般不把页面内容安排过多，应适当留出一些空白。这些空白既可以分割页面空间，体现错落有致，又可引导读者视线，突出重点内容。

• **对比原则**：让页面中的不同元素之间的差异更明显，从而可以更好地突出重要内容，同时让页面看上去更生动。

• **重复原则**：让页面中的某个元素重复出现指定的次数，从而营造页面的统一性并增加吸引力，同时还可以让页面看起来更专业。标题的设置一般采用重复原则，以增强标题之间的统一性。

• **一致性原则**：在整个排版任务中，除非有特殊需要，否则应该确保同级别、同类型的内容具有相同的格式。图文编辑软件中的"样式"就有这个功能。

• **可自动更新原则**：对于文档中可能发生变化的内容，在编辑时不应将其固定，而应该使用图文编辑软件提供的自动化功能进行处理，以便在这些内容发生变化时可以自动维护并更新，而无须用户手动逐一进行修改。

• **可重用原则**：指编写好的一段代码可以被重复使用到其他工程中，以尽量减少重复编写相同或相似代码的时间。图文编辑软件中的"模板"功能就是高效率的重用工具。

请欣赏图 3-2-2、图 3-2-3 的设计效果，在表 3-2-1 中填写自己的感知体验。

表 3-2-1　"个人信息"和"发展条件分析"感知体验

| 序　号 | 内　容 | 感知体验 | 知识技能准备 |
|---|---|---|---|
| 1 | 布局设计 | | |
| 2 | 颜色搭配 | | |
| 3 | 文档内容 | | |
| 4 | 图形绘制 | | |

续表

| 序　号 | 内　容 | 感知体验 | 知识技能准备 |
|---|---|---|---|
| 5 | 图片效果 | | |
| 6 | 标题格式 | | |
| 7 | 段落格式 | | |
| 8 | 页面设置 | | |

### 1. 文字格式

文字的格式也就是文字的外观，最基本的格式有文字的字体、字号和颜色。设置文字的格式，就是使用图文编辑软件的相关工具修改文字的字体类型、字号大小、字形（常规、加粗、斜体、加粗斜体）、文字颜色（前景色、填充色）、效果（删除线、上标、下标等）、边框或底纹、动态效果等。

**小提示**

图文编辑软件一般内置两种表示字号的方法：一种是中文标准，采用号数制，如一号、二号等，最大是初号；一种是西文标准，采用点数制（也叫磅数制），用阿拉伯数字表示，如 9 磅、10.5 磅等。

### 2. 段落设置

若干表达同一意义的文字组成段落，通常以回车符号"↵"结尾。段落的设置，通常有对齐方式、大纲级别、缩进（首行缩进和悬挂缩进）、段落间距和行间距等。段落设置常使用"开始"选项卡的段落设置按钮，如图 3-2-4 所示，或者单击右下角的 ↵ 按钮调出"段落"对话框，进行更具体的设置。

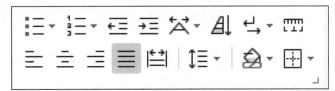

图 3-2-4　"开始"选项卡中的段落设置按钮

### 3. 样式

**样式**是指用名字命名并存储的字体或字号、缩进或间距等多个格式指令的一个个集合。如果某些文字或段落的格式相同，可以从预置的样式列表选择一个样式，或自行创建一个该格式的样式（图 3-2-5），然后在需要的地方套用这种样式，批量设置格式。

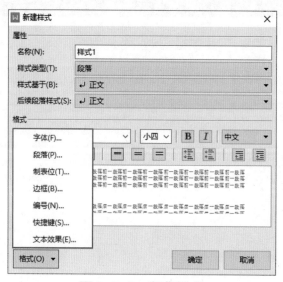

图 3-2-5　段落样式

　　操作员不小心未设置样式中的字号，现在想修改样式定义，增加字号的格式设定，请同学们在操作中查找以下问题的答案：

　　1.如果修改了样式中存储的格式，所有应用了该样式的文字或段落格式将如何变化？

　　2.若删除或清除某个样式，所有应用该样式的文档内容将会套用什么样式？

### 4. 复杂图形绘制

　　WPS 或 Word 等图文编辑软件除提供基本图形绘制和图像插入功能外，还支持绘制复杂图形，比如组织结构图和思维导图等。

*小提示*

　　在图文编辑领域，根据图形内部各组成对象间的关系维度，可将图形分为非结构化图形和结构化图形，前者包括普通几何图形、条码、二维码、数学图形、数据图表、二维模型和三维模型等，后者包括智能图形、组织结构图、流程图、思维导图等。

　　**组织结构图**。用线条将矩形框相连接，构成有层次的树状结构，表达机构或企业内部组织及相互间的层级关系，称为组织结构图。

　　**思维导图**。也称心智图、心灵图或脑图，以核心关键词为中央节点，按照某些逻辑不断地以发散的形式向四周绘制编号、节点或箭头，展示内部思维结构，是一种放射性思维表达，是对人类大脑内部形象的映射。思维导图的特征如图 3-2-6 所示。WPS 文档的思维导图在线绘制功能如图 3-2-7 所示。

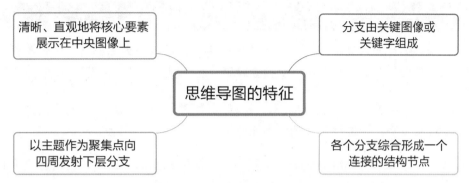

图 3-2-6 思维导图的特征

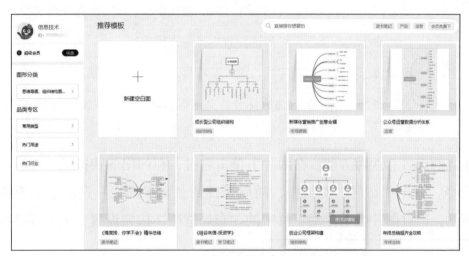

图 3-2-7 WPS 文档的思维导图在线绘制功能

**实践活动**

请同学们以班长为起点，手绘出自己班级内部的组织结构图或思维导图。

## 5. 文字环绕

插入图像或绘制图形后，图片和文本之间的位置关系、叠放层次和组织形式，称为环绕方式。文字环绕有七种方式，如表 3-2-2 所示。

表 3-2-2　文字环绕方式

| 环绕方式 | 效　果 |
| --- | --- |
| 嵌入型 | 图片嵌入光标所在的文字或段落中间，可以拖动图形从一个位置移动到另一个位置。若将图片作为一个独立段落，在外观上与"上下型"环绕方式相似 |
| 四周型环绕 | 文字会环绕在图片周围，使文字和图片四周之间均产生有规则形状的间隙，还可以将图形拖动到文档中的任意位置 |
| 紧密型环绕 | 与四周型环绕方式一样，可将文字环绕到图形外边缘，但会在文字和图形之间产生不规则形状的间隙，文字和图片更加紧密 |
| 衬于文字下方 | 图片置于文本底层，可用这种方式在文档中插入图片水印或者文档背景 |
| 浮于文字上方 | 图片置于文本顶层，可用这种方式遮盖文档中的文本内容 |
| 上下型环绕 | 图片位于两行文字的中间，图片左右两边没有文字环绕 |
| 穿越型环绕 | 文字围绕着图片的内边缘环绕，文字可以填充到不规则图片凹进去的空白区域环绕图片 |

文字环绕的设置有两种方法：在图片上单击右键，在弹出的快捷菜单中选择"其他布局选项"命令，弹出"布局"对话框，随后切换到"文字环绕"选项卡查看或设置，如图 3-2-8 所示；通过图片旁的浮动工具中的"布局选项"按钮设置，如图 3-2-9 所示。

图 3-2-8　"布局"对话框设置
文字环绕

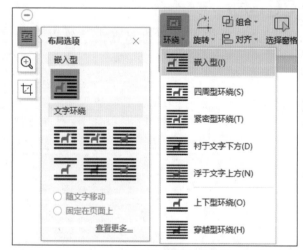

图 3-2-9　"布局选项"按钮设置
文字环绕

### 6. 页眉和页脚

双击页眉或页脚，进入页眉页脚编辑状态，可以统一为文档设置相同的页眉或页脚，也可分别为首页、偶数页、奇数页或不同的节设置不同的页眉和页脚，如图 3-2-10 所示。

图 3-2-10　设置页眉和页脚

**探究活动**

若文档中某些页面需要设置不同的页眉，就需要插入分节符。例如，封面通常没有页码，目录单独编码，而正文又要从 1 开始重新编码，就需要在目录页和正文页的最前面各插入一个连续分节符，如图 3-2-11 所示。分节符的类型共有 4 种，如图 3-2-12 所示。

图 3-2-11　插入分节符

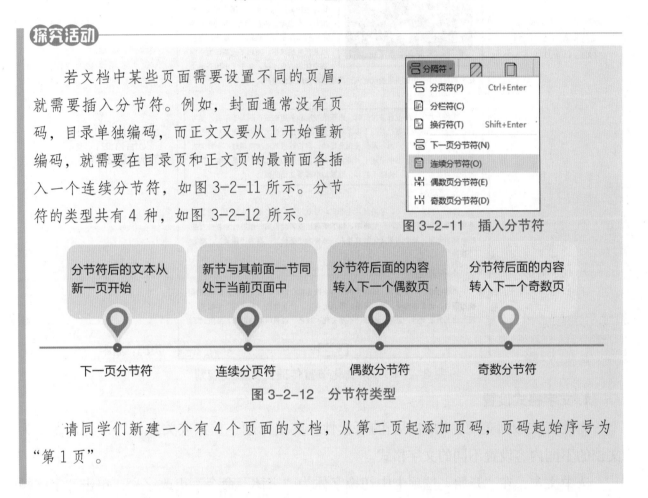

图 3-2-12　分节符类型

请同学们新建一个有 4 个页面的文档，从第二页起添加页码，页码起始序号为"第 1 页"。

**实践操作**

茶文化宣传册的正文版面大部分都是文字，可采用常见骨骼型版式。骨骼型一般按照骨骼比例进行编排配置，以竖向分栏，有通栏、双栏、三栏、四栏等，体现严谨、和谐、理性，版式既有条理又活泼，具有弹性。茶文化节宣传册正文版面设计和制作过程如图 3-2-13 所示。

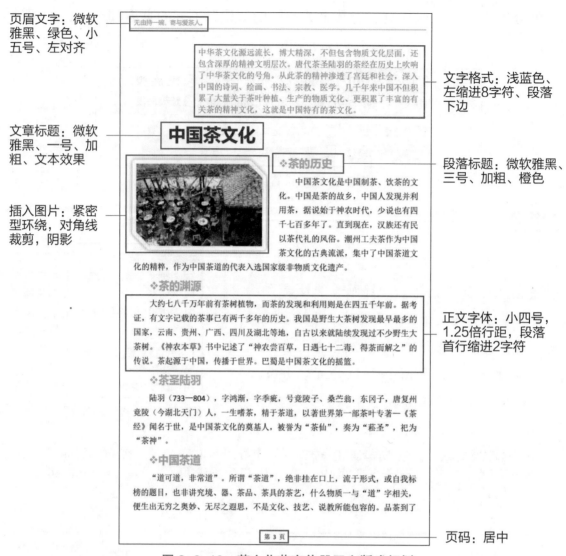

页眉文字：微软雅黑、绿色、小五号、左对齐

文章标题：微软雅黑、一号、加粗、文本效果

插入图片：紧密型环绕，对角线裁剪，阴影

文字格式：浅蓝色、左缩进8字符、段落下边

段落标题：微软雅黑、三号、加粗、橙色

正文字体：小四号，1.25倍行距，段落首行缩进2字符

页码：居中

图 3-2-13　茶文化节宣传册正文版式规划

## 1. 文字格式设置

为使正文版面美观，增加文档的可读性，突出标题、重点或关键词等，经常需要为文档的不同内容设置不同的文字格式。

选中文本，在"开始"选项卡中切换字体为"宋体"命令，更改字号，单击"字体颜色"按钮更改字体颜色，单击"加粗"切换按钮设置字体为"加粗"，如图 3-2-14 所示。

图 3-2-14　常用文字格式设置按钮

## 2. 应用段落标题样式

正文页中有多个一级标题，格式相同，可以为其新建一个标题样式，批量应用，简化格式的编辑和修改操作，实现快速排版。

（1）新建样式

将光标定位到已经设置好格式的文字或段落，在"开始"选项卡的"预设样式"区域，单击"新建样式"命令，弹出"新建样式"对话框，设置属性、格式后单击"确定"按钮，即可新建样式，如图 3-2-15 所示。

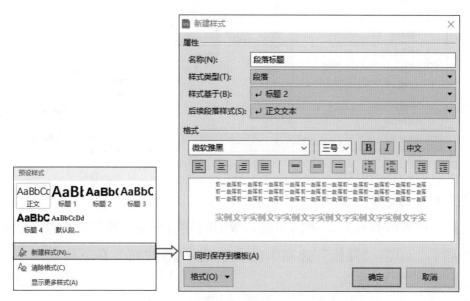

图 3-2-15 "新建样式"对话框

（2）应用样式

选中对象后，单击某个样式图标应用样式，立即生效，如图 3-2-16 所示。

图 3-2-16 选择样式并应用

如果样式应用于标题，并且标题是目录的一部分，可在"新建样式"对话框的"样式基于"中选择标题对应的级别，便于后续自动生成目录。批量更改图文格式的方法，除了样式，还有"开始"选项卡的"格式刷"按钮，或使用 Ctrl+Shift+C 组合键将某个对象的样式复制到剪切板，然后按 Ctrl+Shift+V 组合键粘贴样式。

### 3. 设置段落的边框

将鼠标定位到段落内部，单击"开始"选项卡的 ⊞·下拉按钮，单击"边框和底纹"命令，调出"边框和底纹"对话框，可以将边框或底纹应用于段落或文字的四周，也可为整个页面设置边框，如图 3-2-17 所示。若是对文本设置边框，需要先选中文本。

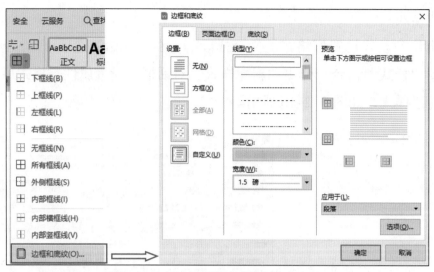

图 3-2-17　设置段落的边框或底纹

### 4.设置文章标题的文字效果

为正文标题设置醒目样式，突出主题，吸引阅读者注意，激起浏览者阅读欲望。

选择标题后，单击"开始"选项卡的文字效果 A 按钮，在下拉菜单中选择一个效果并应用，如图 3-2-18 所示。

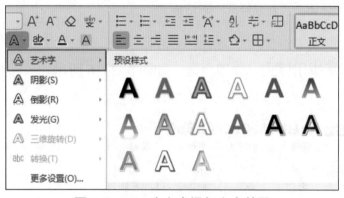

图 3-2-18　为文字添加文字效果

> **小提示**
>
> 当编辑文档的文件类型是 .doc 或 .docx 时，"文字效果" A 可用。

### 5.裁剪图片并设置文字环绕

根据设计方案，若图片为不规则形状，可使用"按形状裁剪"功能对图片实施自定义裁剪，还可为其设置简单的轮廓。

（1）裁剪图片

选择图片后，出现浮动工具按钮，单击"裁剪图片"按钮 ，然后选择裁剪的形状，拖动图片边缘的八个控制点，对图片进行裁剪，如图 3-2-19 所示。

（2）图片环绕

选中图片时，使用浮动工具中的"布局选项"按

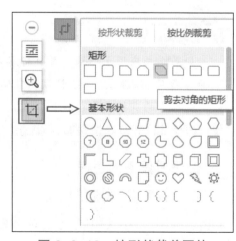

图 3-2-19　按形状裁剪图片

钮，也可单击"图片工具"选项卡的"环绕"按钮或"页面布局"选项卡的"文字环绕"按钮设置环绕方式。

### 6. 绘制茶叶分类图形

图形是矢量图，图形的元素是一些点、直线、弧线等，图形任意放大或者缩小后，依然清晰，常用于框架结构的图形处理。

（1）绘制组织结构图

单击"插入"选项卡中的"智能图形"按钮，然后选择一种智能图形，单击"确定"按钮，如图 3-2-20 所示。

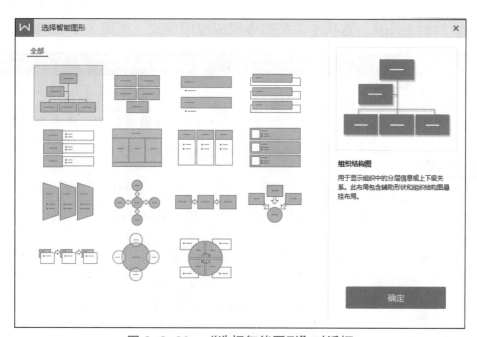

图 3-2-20    "选择智能图形"对话框

选择某个组织节点，单击"浮动工具"按钮，在弹出的菜单中选择"在下方添加项目"命令，如图 3-2-21 所示。

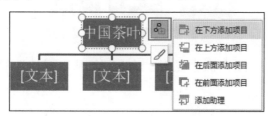

图 3-2-21  添加组织节点

所有组织节点添加完成后，可修改智能图形的外观，如图 3-2-22 所示。图形效果如图 3-2-23 所示。

图 3-2-22  智能图形工具栏按钮

图 3-2-23    "中国茶叶"智能图形

（2）绘制思维导图

注册并登录"百度脑图"，单击"新建脑图"按钮，新建一个思维导图文件。随后，单击文件名进入编辑状态，选中系统生成的根主题，单击右键或者单击工具栏上的"插入下级主题""插入同级主题"，在根主题下添加其他主题，如图 3-2-24 所示。若要修改外观，可切换到"外观"选项卡，更改布局或应用样式，如图 3-2-25 所示。

图 3-2-24    在"百度脑图"中绘制思维导图

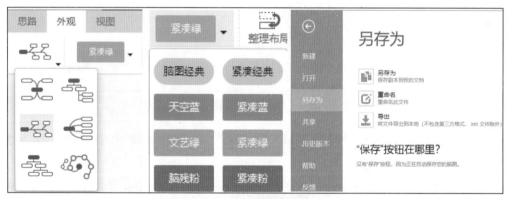

图 3-2-25    修改思维导图外观

插入图像或绘制图形后，先选中图片，然后使用"图片"选项卡工具栏的按钮对其进行设置，如图 3-2-26 所示。

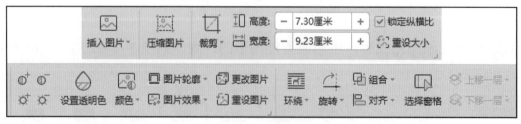

图 3-2-26    "图片"选项卡

### 7. 页眉页脚设置

双击页面顶端的空白区域，进入页眉页脚编辑状态，在页眉区域输入文字并设置格式。单击"页眉和页脚"选项卡中的"页码"下拉按钮，在下拉面板中选择一种页码样式即可。如内置样式不满足需要，可单击"页码（N）"创建自定义页码格式，如图3-2-27 所示。

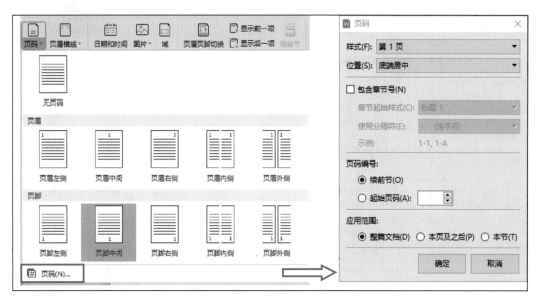

图 3-2-27　选择页码样式

### 8. 保存输出

将文件保存为"内容 .docx"或"内容 .wps"类型，并导出一份 PDF 格式的文件。

拓展延伸

### 党政机关电子公文国家标准

为提高电子公文的规范性、支撑公文信息的互通、保障电子公文的长期可用，从而提升机关公文处理效率、保障信息安全，2017 年 7 月 1 日党政机关电子公文系列国家标准正式发布。这是我国电子公文发展历程中的重要里程碑，为我国党政机关电子公文使用、管理和系统建设提供有力保障。党政机关电子公文系列国家标准重点解决了以下问题：

一是统一了电子公文的基本承载格式；二是规范了电子公文的语义信息和表现样式全面遵循 GB/T 9704—2012《党政机关公文格式》，确保与纸质公文样式（图 3-2-28）一致的外观和结构语义；三是规范了电子印章在公文中的应用方式；四是统一了系统和产品的关键接口，有助于促进相关软件生态的形成，促进有序、合理竞争。该系列标准的发布，有助于解决电子公文格式不统一、难以互联互通等制约电子公文健康发展的问题，为电子公文的生成、处理、存储、交换等提供全方面技术支撑。

（a）　　　　　　　　　　　　　　（b）

图 3-2-28　部分公文样式
（a）公文首页版式；（b）公文末页版式

请根据自己的学习情况完成表 3-2-3，并按掌握程度填涂☆。

表 3-2-3　自我评价表

| 知识与技能点 | 我的理解（填写关键词） | 掌握程度 |
| --- | --- | --- |
| 文字或标题的格式效果设置 | | ☆ ☆ ☆ |
| 样式的使用 | | ☆ ☆ ☆ |
| 段落设置 | | ☆ ☆ ☆ |
| 图片裁剪及环绕方式设置 | | ☆ ☆ ☆ |
| 设置图片效果 | | ☆ ☆ ☆ |
| 思维导图绘制 | | ☆ ☆ ☆ |

续表

| 知识与技能点 | 我的理解（填写关键词） | 掌握程度 |
| --- | --- | --- |
| 页眉页脚设置 |  | ☆ ☆ ☆ |
| 收获与心得 |  |  |

**举一反三**

　　小小完成了职业生涯规划的封面设计后，按照图文编辑的一般规范设计了"个人信息"页面和"发展条件分析"页面。两个页面均采用中轴构图方式，将图形做水平方向或垂直方向排列，文字配置在图形上下或左右，给人以稳定、安静、平和与含蓄之感。"个人信息"页面用朦胧的功夫茶具，表达自己爱茶喜茶的心态，彰显个人爱好。"发展条件分析"页面，用文字做自我反思，用向上递增的 Smart 图形代表自己努力奋斗的坚定意志。效果图如图 3-2-29 和图 3-2-30 所示。

　　尝试用 WPS 文字制作如图 3-2-29、图 3-2-30 所示的职业生涯规划"个人信息"页面和"发展条件分析"页面。

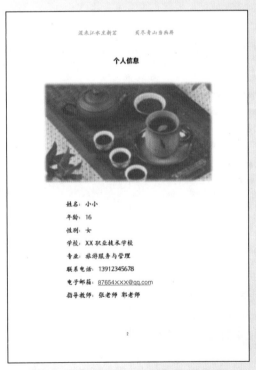

图 3-2-29　"个人信息"效果图

图 3-2-30　"发展条件分析"效果图

任务 ③　　　　　　　　　制作邀请函

**任务描述**

　　经过不断努力，小小已经掌握了图文编辑的重要知识和很多关键技能，在限定时间内完成了茶文化节宣传册正文和封面的制作，得到了团队成员的肯定和赞许，成就感倍增。小小再接再厉，准备抓紧时间制作茶文化研讨会邀请函，尽快完成工作任务。

　　本任务以茶文化研讨会的邀请函为载体，介绍了插入表格、项目符号和编号、邮件合并、从图片提取文字等实践技能的操作过程和方法。任务路线如图 3-3-1 所示，完成效果图如图 3-3-2 所示。

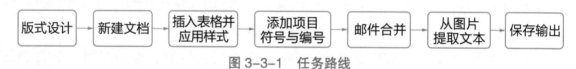

图 3-3-1　任务路线

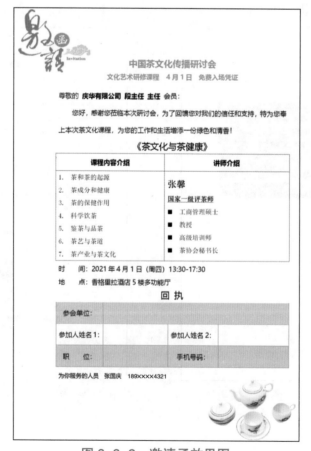

图 3-3-2　邀请函效果图

邀请函的主要作用是通知，设计邀请函时，要突出邀请函的主题，正文内容要简洁大方。会议邀请函是主办方向与会者发出的邀请信息，至少要包含会议名称、地点、时间、简介，以及会议安排或程序、联系方式等。

请同学们欣赏图 3-3-2 所示的设计，在表 3-3-1 中填写自己的感知体验。

表 3-3-1　邀请函感知体验

| 序　号 | 内　容 | 感知体验 | 知识技能准备 |
|---|---|---|---|
| 1 | 布局设计 | | |
| 2 | 表格应用 | | |
| 3 | 函件要素 | | |
| 4 | 标题格式 | | |
| 5 | 段落格式 | | |
| 6 | 图形应用 | | |
| 7 | 外观效果 | | |

### 1. 表格

表格由行和列组成，纵横交叉处的格子被称为单元格，单元格内可以填写数字、文字或其他内容。表格使用广泛，通常用来显示结构清晰的内容，便于查看、统计和数据分析。WPS 文字提供了若干工具按钮，可以更改表格结构或布局，调整表格纵向高度或横向大小等尺寸参数，修改表格中内容的对齐方式和方向，自动计算表格中的数据或对数据进行排序，如图 3-3-3 所示。

图 3-3-3　"表格工具"选项卡

（1）选择表格

表格创建后，若要实施修改其结构、修饰表格、调整内容位置等操作，首先应选中整个表格、行、列或单元格。将光标定到单元格，单击"表格工具"选项卡中的"选择"下拉按钮，然后在下拉菜单中选择表格的元素，如图 3-3-4 所示。表格的选择操作方法如表 3-3-2 所示。

图 3-3-4　"选择"下拉菜单

表 3-3-2　表格的选择操作方法

| 操作内容 | 操作步骤 |
| --- | --- |
| 选中整个表格 | 单击表格左上角的 ✛ 按钮即可选中整个表格 |
| 选中行 | 类似选中文本行，将光标移动到页边距外，待光标变为↗时，单击可选单行；若要选中多行，可纵向拖动鼠标 |
| 选中列 | 将光标移动到列的顶端，待光标变为↓时，单击可选单列；若要选中多列，可横向拖动鼠标 |
| 选中单个单元格 | 移动光标至单元格左边线上，当光标变为◢时，单击可选中单个单元格；若要选中多个连续的单元格，可纵向或横向拖动光标 |
| 选中不连续的单元格 | 按下 Ctrl 键并保持，然后按前述方法选中所需的所有单元格或单元格区域 |

**实践活动**

请同学们试着绘制班级课程表，并根据表 3-3-2 的操作步骤练习表格对象的选择。

（2）调整表格

在"表格工具"选项卡中单击"表格属性"，或在表格上右击，单击快捷菜单中的"表格属性"，弹出"表格属性"对话框，如图 3-3-5 所示，对表格进行详细设定。选中单元格后，可移动光标到单元格左右边线上，当光标变为╂时，拖动光标即可向左或向右调整列的宽度；移动光标到上下边线上，当光标变为÷时，拖动光标即可向上或向下调整行的高度。

（3）删除表格

将光标定位到单元格内，单击"表格工具"选项卡的"删除"下拉按钮，单击"单元格"命令调出"删除单元格"对话框，选择删除的对象，如图 3-3-6 所示，或者先选中表格、行、列或单元格，按下键盘的退格键（Backspace）删除。

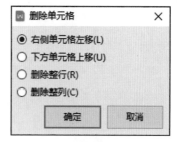

图 3-3-5　"表格属性"对话框　　　　图 3-3-6　"删除单元格"对话框

（4）合并或拆分单元格

选中需要合并的单元格，在右键菜单中单击"合并单元格"命令或"拆分单元格"命令，完成合并或拆分。

（5）修改应用样式

选中表格，在"表格样式"选项卡中选择一种内置样式，也可修改单元格边框线的线型或粗细，还可绘制斜线表头，如图 3-3-7 所示。

图 3-3-7　使用"表格样式"选项卡

（6）数据计算

将光标定位到计算结果所在单元格，然后单击"公式"按钮，弹出"公式"对话框（图 3-3-8），选择数字格式、粘贴函数和表格范围，单击"确定"按钮得到计算结果。

图 3-3-8　"公式"对话框

### 2. 题注、脚注和尾注

题注指在图像、图形、图表、表格、公式等对象的上方或下方标注的文字、编号或说明文字，主要作用是简短描述对象的主要内容。题注会根据对象在文档中的顺序、数量自动调整编号。若要对文档中某部分内容做补充说明，可使用脚注和尾注，如图 3-3-9 所示。

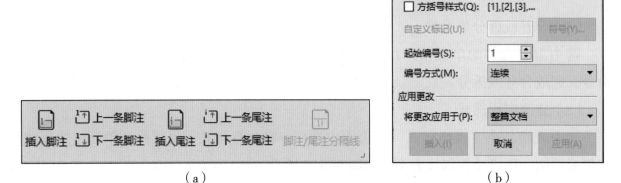

（a）　　　　　　　　　　　　　　　　　　（b）

图 3-3-9　脚注和尾注设置

**实践活动**

请同学们对照图 3-3-9 所示，练习脚注和尾注的使用，验证表 3-3-3 的功能区别。

表 3-3-3　脚注和尾注功能对比

| 区别 | 脚注 | 尾注 |
| --- | --- | --- |
| 位置 | 页面底部 | 文档结尾 |
| 作用 | 标注来源，补充或注释信息 | |
| 标记 | 右上角有数字编号，短横线用于与正文分割 | |
| 删除 | 删除上标 | |

### 3. 邮件合并

邮件合并是一种数据组织与统一格式输出的图文编辑技术，其功能是将电子表格文件等数据源中的多个数据记录批量、自动插入文档文件的特定位置，实现固定内容和动态内容的批量生成。邮件合并的步骤如图 3-3-10 所示。

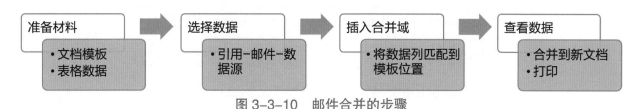

图 3-3-10　邮件合并的步骤

**讨论活动**

在生活和工作中，经常遇到信封、信件、请柬、工资条、证书等文档，如果这些文档的主要内容基本相同，只是特定地方的数据或内容有变化，并且数量较多，就可以考虑使用邮件合并功能实现批量填充。同学们，你知道还能在哪些符合这些特征的文档中使用邮件合并功能吗？

### 4. 项目符号和编号

项目符号和编号是放在文本前的点或其他符号、数字序列等，起到强调或标注列表的作用，可以使文档的层次结构更清晰、更有条理、重点突出，提高文档编辑速度，如图 3-3-11 所示。项目符号和编号的用法如图 3-3-12 所示。

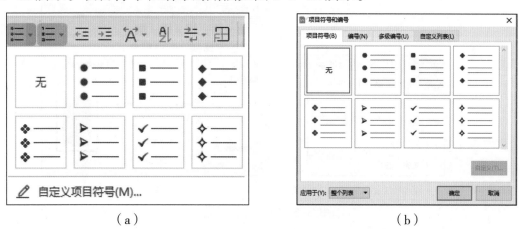

（a）　　　　　　　　　　　　　（b）

图 3-3-11　项目符号和编号设置

图 3-3-12　项目符号和编号的用法

### 5. 数学公式

单击"插入"选项卡中的"公式"下拉按钮，选择"插入新公式"命令，单击页面中出现的公式编辑区域内，从"公式工具"选项卡中选取所需的公式类型、元素或符号，并输入公式具体内容，即可完成公式录入，如图 3-3-13 所示。

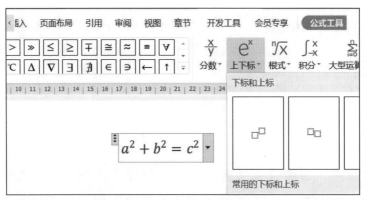

图 3-3-13　插入数学公式

### 6. 页面分栏

分栏是将一个页面上的全部文字或部分文字分为纵向的几个区域，可在文字少且行数多的情况下节省页面，或制作手册时使用。分栏时可以均分，也可以偏左或偏右，分栏的数量也可以自定义。在"页面布局"选项卡中单击"分栏"按钮可进行分栏操作，如图 3-3-14 所示。

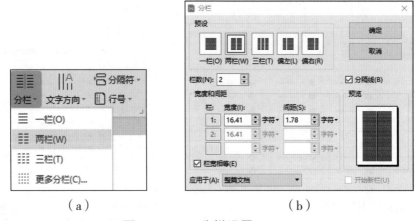

（a）　　　　　　　　　　（b）

图 3-3-14　分栏设置

**实践活动**

1943 年，共产党员林基路同志在反动军阀的监狱中，用香灰头写下了著名的《囚徒歌》，表达了对革命的忠贞和坚定的信念："坚定信念，贞守立场！掷我们的头颅，奠筑自由的金字塔；洒我们的鲜血，染成红旗，万载飘扬！"请同学们搜索《囚徒歌》歌词，复制到 WPS 文档中，分两栏排版。

### 7. 绘制三维模型

三维模型是物体的多边形表示，通常用计算机或者其他视频设备显示。显示的物体可以是现实世界的实体，也可以是虚构的物体。三维模型的空间结构绘制称为建模，建模方法大体有三种：利用三维软件的算法建模，通过仪器设备测量建模，利用图像或者视频来建模。

三维模型在很多领域都有不同程度的应用，如图 3-3-15 所示。在我国探月工程嫦娥五号着陆器登陆月球前，利用三维技术模拟着陆器登陆过程，可以评估发现着陆缓冲、着陆稳定性等方面的问题，如图 3-3-16 所示。

图 3-3-15　三维模型在不同领域的应用举例

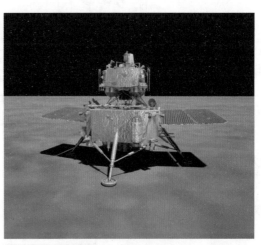

图 3-3-16　嫦娥五号着陆器和上升器组合体着陆月球的三维模拟图

**实践活动**

请同学们尝试在 Windows 10 中用 Paint3D 软件绘制"鱼"的三维模型，保存后插入 Microsoft Word 文件中，如图 3-3-17 所示。

图 3-3-17　使用 Paint3D 软件绘制简单 3D 模型

**实践操作**

　　表格是图文编辑的重要对象，利用表格可以清晰呈现关键信息。邀请函以表格为主体，呈现会议日程，收集参会人员信息。邀请函采用上中下分割版面，上下部略少。上部放置标题，直观展现主题，一目了然，中部展示主要内容，突出重点，下部配以补充说明，优化细节，如图3-3-18所示。

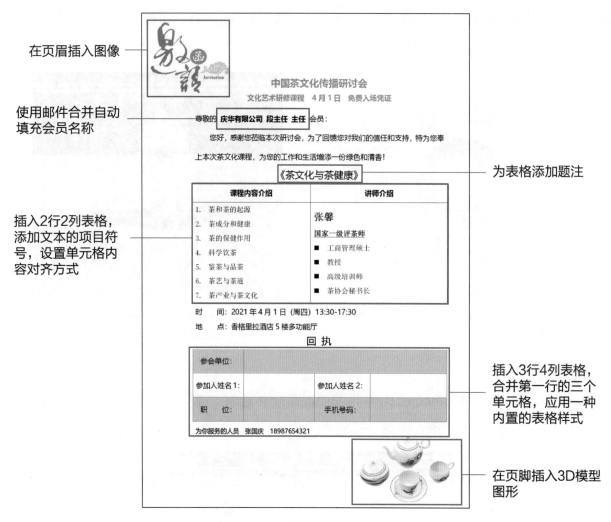

图3-3-18　邀请函版式规划图

### 1.插入议程和回执表格并应用样式

　　邀请函有会议日程表格和回执表两个表格，可先插入表格然后填充文字，也可输入文字后再转换为表格。

　　（1）插入表格

　　在"插入"选项卡中单击"表格"下拉按钮，移动鼠标选择需要的行列数量。或者单击"插入表格"命令，在弹出的"插入表格"对话框中输入表格行列数量，然后将内容输入或填充进单元格，如图3-3-19所示。

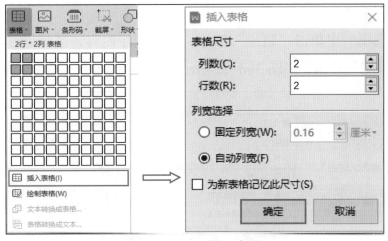

图 3-3-19　插入表格

（2）从文本创建表格

　　先用特定符合分隔单元格的内容文本，每表格行一个段落，使得文本呈现清晰的行列结构。随后，选中全部文本内容，单击"插入"选项卡中的"表格"下拉按钮，单击"文字转换成表格"命令，调出"将文字转换成表格"对话框，在"表格尺寸"处指定列数，在"文字分隔位置"处选择或指定具体的分隔符。最后，单击"确定"按钮，完成从文本到表格的转换，如图 3-3-20 所示。

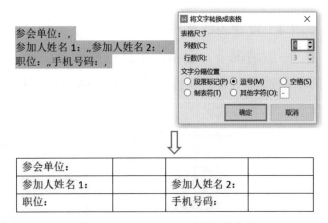

图 3-3-20　将文字转换成表格

　　选中表格，切换到"表格样式"选项卡，选择并应用一种内置样式，如图 3-3-21 所示。

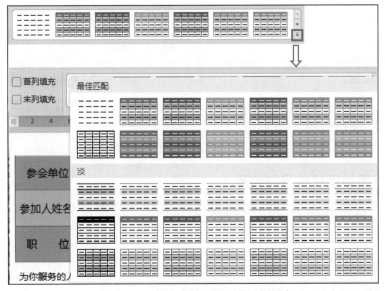

图 3-3-21　"表格样式"选项卡

（3）添加表格题注

在"引用"选项卡中单击"题注"按钮，填入题注内容，选择题注的标签对象和放置位置，单击"确定"按钮，如图 3-3-22 所示。

图 3-3-22　为表格添加题注

（4）设置表格对齐方式

一般情况下，表格都单独占据一个段落。选中表格后，在表格上单击右键，从快捷菜单中选择"表格属性"菜单项，调出"表格属性"对话框（图 3-3-23），设置对齐方式和文字环绕方式。

图 3-3-23　"表格属性"对话框

### 2. 为议程列表添加项目符号与编号

为议程添加项目符号或编号，用列表方式呈现，使得议程的内容更加清晰、直观，便于阅读。

选中待添加项目符号或编号的文本，然后在"开始"选项卡中单击 ≣ ▾ 下拉按钮添加项目符号，单击 ≣ ▾ 按钮添加编号，如图 3-3-24 所示。

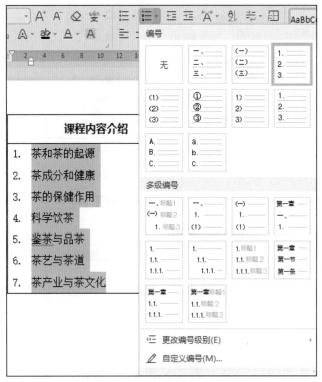

图 3-3-24　为对象添加编号

### 3. 使用邮件合并自动填充邀请人信息

（1）准备数据

启动 WPS 表格软件，设计如图 3-3-25 所示的表格并录入数据。

图 3-3-25　邮件合并的数据源表格文件

（2）开启邮件合并

单击"引用"选项卡中的"邮件"按钮，开启邮件合并，如图 3-3-26 所示。

图 3-3-26　邮件合并常用按钮

（3）匹配数据

单击"打开数据源"下拉按钮，选择准备好的数据文件和数据表。将光标定位到生成内容的位置，然后单击"插入合并域"命令，在"插入域"对话框中选择数据文件中的列名，最后单击"插入"按钮完成某个数据内容的匹配，如图 3-3-27 所示。

（4）预览邮件

如此重复多次，完成其他所有数据域匹配。前述操作完成后，单击图 3-3-26 中的"查看合并数据"按钮，预览检查自动生成的内容是否正确。

图 3-3-27　将数据文件中的数据项插入到主文档

### 4. 从纸质文件中提取文本

小小收到了多份传真的回执表格，需要从纸质表格中提取参会人员信息。

把回执表格扫描成图片，选中图片，单击"图片工具"选项卡的"图片转文字"按钮，弹出"图片转文字"对话框，在窗口下方单击"提取文字"按钮，修改转换生成的内容，单击窗口右下角的"开始转换"按钮完成转换，或单击"复制全部"按钮将文本复制到剪贴板，如图 3-3-28 所示。

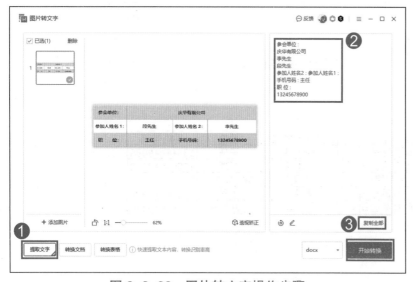

图 3-3-28　图片转文字操作步骤

**小提示**

WPS 的"图片转文字"功能仅提供给会员使用，免费用户可使用其他 OCR 软件从图片中提取文字。

### 5. 保存输出

将文件保存为"邀请函 .docx"或"邀请函 .wps"类型，并导出一份 PDF 格式的文件。

请根据自己的学习情况完成表 3-3-4，并按掌握程度填涂 ☆。

表 3-3-4　自我评价表

| 知识与技能点 | 我的理解（填写关键词） | 掌握程度 |
| --- | --- | --- |
| 项目符号和编号的使用 | | ☆ ☆ ☆ |
| 表格插入和修饰 | | ☆ ☆ ☆ |
| 题注使用 | | ☆ ☆ ☆ |
| 邮件合并 | | ☆ ☆ ☆ |
| 插入 3D 模型 | | ☆ ☆ ☆ |
| 插入数学公式 | | ☆ ☆ ☆ |
| 文字转表格 | | ☆ ☆ ☆ |
| 收获与心得 | | |

**举一反三**

　　小小的课程设计进展基本顺利，但对于如何展现自己的成长经历有些拿不定主意，便去寻找老师帮助。老师给小小介绍了几个"推销"自己的技巧，小小如获至宝，现学现用，顺利地完成了这部分作业。

　　个人简介的编辑原则如下：

　　诚恳。诚实书写自己的学习、生活、工作经历，不文过饰非，不夸大，不捏造；用词谦虚，尊称适宜，有礼貌；勇敢表达自我，有自信。

　　简明。个人基本信息完整且简明扼要，重点突出、言简意赅、流畅简练，有号召力；浓缩成长经历，用时间轴之类等工具突出重要事件或突出成绩，展现知识储备、职业能力和团队协作能力。

精确。根据目的或目标，开门见山，有的放矢，巧妙突出自己的优势。

鲜活。将简介或简历视作广告，设计现代且有艺术气息，版面美观有个性，色调统一有变化。

个人简介和致谢页面采用左右分割型版式，两边对称，两边都是文字的布局体现和谐，左图右文的分布形成对比，如图 3-3-29 所示。

尝试用 WPS 软件制作如图 3-3-29 所示的职业生涯规划课程设计的"个人简介"。

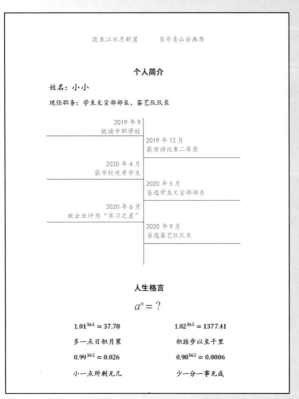

图 3-3-29 个人简介和致谢页面

# 任务 ④　编审发布宣传册

## 任务描述

　　宣传册制作完成后，小小生成了文档的目录，将文档发给小组其他伙伴检查。检查过程中，伙伴们发现了错别字，并对个别地方提出了修改建议，对有疑问的地方给出了提示。小小收到反馈后，认真检查修改，并将文件发给组长审核，确认无误后，将文档合并为 PDF 格式，发给其他成员发布。

　　本任务以茶文化节宣传册的目录和文档为载体，使用查找和替换功能纠正错别字，使用修订功能接受修订建议，使用批注功能查阅大家的意见或建议。修改完成后，提交给负责人审核的过程中，需用到文档加密功能；发布过程中，需要合并所有 PDF 文件为单一文件；发布到互联网时，需要使用 H5 编辑器。任务路线如图 3-4-1 所示，文档目录效果如图 3-4-2 所示。

| 自动生成目录 | → | 查找和替换 | → | 修订批注和比较 | → | 文档校对与拼写检查 | → | 文档加密 | → | 文档合并 | → | 打印宣传册 |

图 3-4-1　任务路线

<table>
<tr><td colspan="2" align="center">目录</td></tr>
<tr><td>中国茶文化</td><td align="right">1</td></tr>
<tr><td>❖ 茶的历史</td><td align="right">1</td></tr>
<tr><td>❖ 茶的渊源</td><td align="right">1</td></tr>
<tr><td>❖ 茶圣陆羽</td><td align="right">1</td></tr>
<tr><td>❖ 中国茶道</td><td align="right">1</td></tr>
<tr><td>❖ 茶与佛教</td><td align="right">2</td></tr>
<tr><td>❖ 茶与文学</td><td align="right">2</td></tr>
<tr><td>❖ 茶的种类</td><td align="right">2</td></tr>
<tr><td>❖ 品茗茶具</td><td align="right">2</td></tr>
<tr><td>❖ 饮茶保健</td><td align="right">2</td></tr>
<tr><td>邀请函</td><td align="right">3</td></tr>
</table>

图 3-4-2　文档目录效果图

## 感知体验

　　要制作专业的文档，除了要使用常规的页面内容和美化操作外，还需要注重文档的结构及排版方式。图文编辑软件提供了诸多简便的功能，使长文档的编辑、排版、阅读和管理更加轻松自如。

　　长文档通常指文字内容较多，篇幅相对较长，文档层次结构相对复杂的文档，如一本图书、一篇商业报告、一份软件说明书等。通常一篇正规的长文档由封面、目录、正文、附录组成。如果要撰写一本书，还会包括扉页、序言、参考文献等。图3-4-3所示为长文档需要注意的一些编辑技巧。

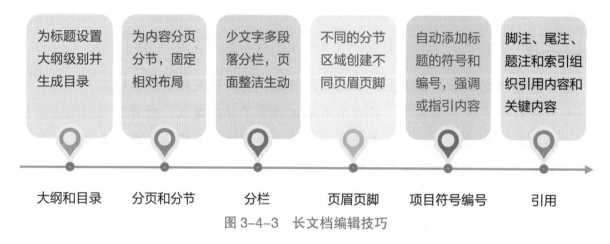

图3-4-3　长文档编辑技巧

请同学们根据长文档的编辑技巧从日常文档中找到相关的实例。

## 知识学习

### 1. 大纲级别和目录

　　图文编辑软件使用层次结构组织文档内容，大纲级别就是段落所处层次的级别编号，用于为文档中的段落指定等级结构（1级至9级）段落格式。指定了大纲级别后，就可在大纲视图或文档结构图中处理文档，或自动生成目录。目录通常放在封面之后，是文档内容的一种索引，由各级标题的名字和页码分层级构成，方便读者定位内容。

## 实践活动

　　从"视图"选项卡进入"大纲"视图，尝试修改标题的大纲级别、显示级别，展开或折叠某级大纲级别下的内容，如图3-4-4所示。

图3-4-4　"大纲"视图界面

### 2. 修订和批注

文档处于修订状态时，软件会自动做上标记，便于作者审阅。一般有格式修订、删除内容、插入内容三种修订方式，确认动作有"接受""拒绝"方式。批注是作者或审阅者为文档添加的文字注释说明，阅读后可删除。修订模式的快捷键是 Ctrl+Shift+E。

### 3. 查找和替换

查找是在文档中搜索并定位特定内容，替换是用新内容替代已经查找到的内容，可用于特定内容的批量自动修改。查找和替换可以计算指定字符在文档中的数量、标注指定字符、批量修改文档中的内容，还可以快速定位到特定对象、内容或位置。可用快捷键 Ctrl+F 或 Ctrl+H 调出"查找和替换"对话框，如图 3-4-5 所示。

图 3-4-5　"查找和替换"对话框

### 4. 拼写检查与文档校对

拼写检查是指对选定文本或全部内容进行检查，发现错误并帮助修正拼写错误或基本语法错误。检查时，将内容中的单词与软件内置词典和自定义词典中的单词进行比较，如果文档中的单词或词语在词典中没有被发现，将被视为拼写错误。用户可以更改或忽略文档中标记的拼写错误，还可以将其添加至自定义词典中，以便再出现此单词时将其作为正确单词识别。文档校对是拼写检查的另一种形式，可以更加快速、高效地实施拼写检查，或者输出错误报告。

### 5. 比较和合并文档

如因时间先后顺序或审阅者不同，一个文档产生了两个版本，可利用图文编辑软件提供的文档比较功能，生成两个版本的不同差异，继而再根据需要继续编辑文档。合并文档就是将多个文档整合为一个文档，如果是 .wps 或 .docx 等文档，可利用插入文件内容的方式合并；如果为 PDF 文件，可选择专门的合并工具实现，如"金山 PDF 独立版"。

### 6. 文档保护

若文档内容在一段时间不宜公开，可对文件实施加密，或者针对不同浏览者，对文档的操作权限进行限制。图 3-4-6 所示为 WPS 文字的"文档权限"对话框，可以设置只能查看但不允许编辑的权限。

图 3-4-6　WPS 的"文档权限"对话框

**实践操作**

### 1. 自动生成目录

创建目录之前，要为不同的标题设置不同大纲级别，大标题一般设置成一级，次级标题设置成二级，依此类推。标题的大纲级别定义可通过应用样式或设置段落的大纲级别实现。

方式 1：根据标题所属的层级，在"段落"对话框中给每个标题设置对应的大纲级别，如图 3-4-7 所示。

方式 2：为目录中的每个标题新建并应用样式，样式的"类型设置"为"段落"，"样式基于"选择为对应层级的标题。参考图 3-2-15。

随后，将光标定位到目录所在位置，单击"引用"选项卡中的"目录"下拉按钮（图 3-4-8），选择一种目录类型，软件将根据标题的层级自动生成多级目录。目录生成后，可单击"自定义目录"来修饰目录，如图 3-4-9 所示。

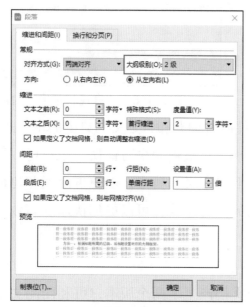

图 3-4-7　在"段落"对话框中设定大纲级别

图 3-4-8　插入目录

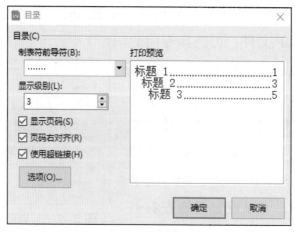

图 3-4-9　自定义目录

### 2. 查找和替换

使用查找和替换功能可以批量更改文档中的错别字或指定格式。在"开始"选项卡中单击"查找替换"按钮，会弹出"查找和替换"对话框，如图 3-4-10 所示。

### 3. 修订批注和比较

使用修订功能可以对文档中的内容、格式做手动修改，并记录修改结果和修改行为，便于义档作者取舍。可为文档部分内容添加批注，提醒阅读者注意。

图 3-4-10　"查找和替换"对话框

（1）修订批注

在"审阅"选项卡中，单击"修订"下拉按钮，进入修订状态。然后对图文内容进行修改，修订的内容一般用颜色特别显示，删除的内容会特别提示在页面右外侧。如果要接受或拒绝修订，可单击 ∨ × 按钮操作，或者单击鼠标右键，在快捷菜单中选择接受或拒绝，如图 3-4-11 所示。

图 3-4-11　"接受"修订和"拒绝"修订

在"审阅"选项卡中，单击"插入批注"按钮，进入批注状态，在页面右侧的批注框内输入批注内容，如图 3-4-12 所示。

图 3-4-12　对文档内容进行批注

（2）文档比较

在"审阅"选项卡中单击"比较"按钮，再单击"比较（C）"命令，选择两个不同的文档，然后单击"确定"按钮完成文档比较，如图 3-4-13 所示。

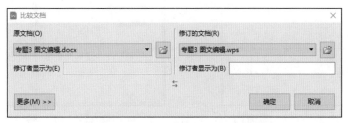

图 3-4-13　比较两个文档差异

#### 4. 文档校对与拼写检查

全面检查文档中是否存在拼写和语法错误。

单击"审阅"选项卡的"文档校对"按钮，弹出"WPS 文档校对"对话框，如图 3-4-14 所示，单击"开始校对"按钮（可选择关键词领域，提高校对结果的准确性）。随后，自动生成校对报告，可根据情况选择"马上修正文档"或"输出错误报告"。

单击"审阅"选项卡的"拼写检查"按钮，弹出"拼写检查"对话框，如图 3-4-15 所示。左侧区域的红色文字是软件内置词库给出可能存在拼写错误的提示，如需更改，可在右侧顶端的"更改为"文本框中输入正确的文字，然后单击"更改"按钮；如无需修改，则单击"忽略"按钮。

图 3-4-14　"WPS 文档校对"对话框

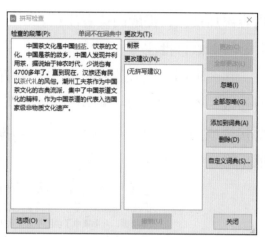

图 3-4-15　"拼写检查"对话框

#### 5. 文档加密

保护文档，防止被未经允许的人查看或修改。

单击主界面左上角的"文件"菜单，移动光标至下拉菜单中"文档加密"菜单命令，点击子菜单中的"密码加密"命令（图 3-4-16），调出"密码加密"对话框（图 3-4-17），在"打开权限"或"编辑权限"部分的文本框中输入密码，最后点击"应用"按钮即可完成文档加密。

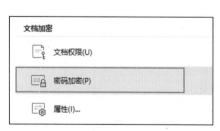

图 3-4-16　启动文件加密窗口

图 3-4-17　输入密码加密文档

### 6. 文档合并

将封面、目录、正文和邀请函四部分合并为一个文档，组合形成完整的宣传册。

在"插入"选项卡中，单击"对象"下拉按钮，然后选择"文件中的文字"命令，在弹出对话框中选择待合并到当前文档的其他文档。

如合并的文档为 PDF 文件，可启动"金山 PDF 转换"软件（图 3-4-18），再同时选择多个文件，一次完成批量合并，如图 3-4-19 所示。

图 3-4-18　金山 PDF 软件主界面

图 3-4-19　使用金山文档合并 PDF 文档

### 7. 打印宣传册

单击窗口左上角的"文件"选项卡，在下拉菜单中单击"打印"命令，在"打印"对话框中选择打印机、页面范围，设定份数、是否双面等选项，单击"确定"按钮后发送到打印机打印，如图 3-4-20 所示。

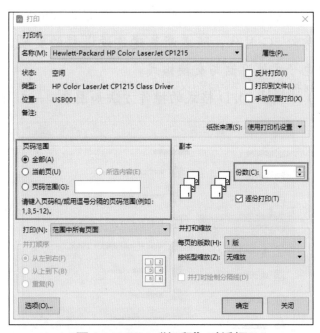

图 3-4-20　"打印"对话框

## 自主可控版式文档格式标准OFD

OFD 是开放版式文档（Open Fixed-layout Document）的英文缩写，是我国国家版式文档格式标准 GB/T 33190—2016《电子文件存储与交换格式—版式文档》。版式文档是与 doc、docx、wps 等流式文档相对的，具有格式独立、版面固定、固化呈现的文档。版式文档不易修改，并且在不同设备中显示效果不变，而流式文档会根据设备版面显示发生变化。版式文档的代表就是工作和生活中非常熟悉的 PDF 文档，OFD 文档则是我国自主研发、自主制定的版式文件格式标准。

在应用层面上，过去的版式文档没有统一标准，国内应用情况很混乱，有十余个不同厂商的格式标准。格式不统一，访问接口不一致，对应用需求的支持不完整，导致交流互通困难、无法长期存档。而国内版式文档应用需求又非常迫切，形势要求必须制定出满足国内应用需要的、统一的文件格式标准。

在技术层面上，OFD 有一系列技术优势。第一，体积精简，格式开放，利于理解，长期可读可用；第二，根据我国各领域特色需要进行特性扩展，更深入地贴合应用需求；第三，OFD 标准可支持国产密码算法，是文档安全性的有力保证，也是文件具有法律效力的基本条件；第四，也是最重要的一点，OFD 标准是自主可控的，国家在需要对 OFD 做扩展时，可以不受控于外部的厂商。

OFD 版式文档格式整合了国家优质产业资源，有利于最终形成对 PDF 等相关国外标准的竞争优势，有助于推动我国版式相关技术和产业的良性发展。目前国内主要办公软件厂商和版式厂商都已支持该标准，在此基础上开发了 Windows、Linux 和移动平台的各种不同产品。我们身处 5G 时代，随着新基建建设进程的发展，相信在未来的日子里 OFD 将成为大众化的电子文件存储与交换格式。

在 WPS（企业版）中输出 OFD 格式的操作方法如图 3-4-21 所示。

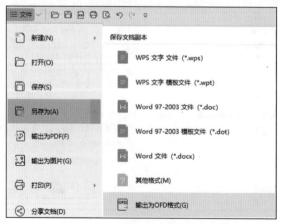

图 3-4-21　在 WPS 中输出 OFD 格式的操作方法

## 自我评价

请根据自己的学习情况完成表 3-4-1，并按掌握程度填涂☆。

表 3-4-1 自我评价表

| 知识与技能点 | 我的理解（填写关键词） | 掌握程度 |
| --- | --- | --- |
| 使用样式或大纲生成文档目录 | | ☆☆☆ |
| 查找和替换内容或格式 | | ☆☆☆ |
| 对文档进行批注、修订或比较 | | ☆☆☆ |
| 拼写检查和文档校对 | | ☆☆☆ |
| 文档加密和保护 | | ☆☆☆ |
| 文档合并 | | ☆☆☆ |
| 打印或分享文档 | | ☆☆☆ |
| 收获与心得 | | |

## 举一反三

在完成本专题前述所有“举一反三”后，合并所有文档并生成目录。

经过持续努力，小小完成了全部职业生涯规划的编排，老师浏览了她提交的作业后，建议她增加文档目录（图 3-4-22），以方便阅读者查找。

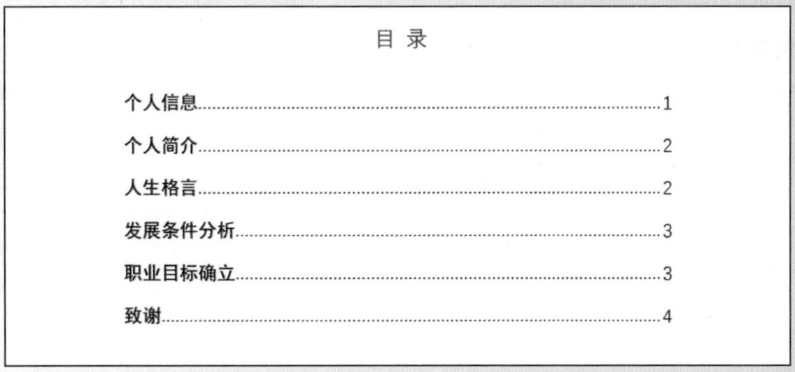
目 录

个人信息......1
个人简介......2
人生格言......2
发展条件分析......3
职业目标确立......3
致谢......4

图 3-4-22 职业生涯规划目录

# 专题总结

　　本专题选用典型图文编辑软件和工具，以茶文化节宣传册和邀请函为载体，通过制作宣传册封面、编排宣传册正文、制作邀请函和编审发布宣传册四个具体任务的实施，按照版面规划、内容准备、编辑排版、保存输出等步骤，学习图文编辑软件的基本操作、图文格式设置、表格与图像绘制、审核修订等功能，还扩展了有关国产图文软件、远程办公、公文格式和自主文档标准的相关知识。学习过程中，通过职业生涯规划课程设计的课后作业，一方面让学生巩固了图文编辑中常见的版式类型及特点、编辑技巧等，另一方面也锻炼了学生制作简历的能力和对职业生涯规划的思考。

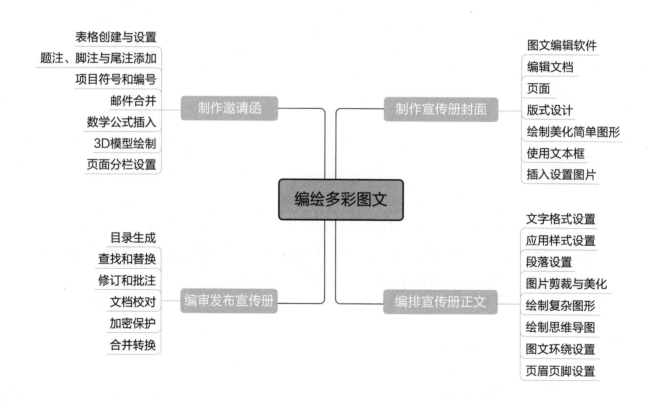

# 专题练习

一、单选题

1. 在 Word 文档的字体设置中，不能进行的操作是（　　）。

A. 字体　　　　　　B. 页码　　　　　　C. 字号　　　　　　D. 文字的颜色

2. 新建一个图文文档，默认的段落样式为（　　）。

A. 正文　　　　　　B. 普通　　　　　　C. 目录　　　　　　D. 标题

3. 小刘使用 Word 编写与互联网相关的文章时，义中频繁出现"@"符号，他希望能够在输入"（a）"后自动变为"@"，最优的操作方法是（　　）。

A. 将"（a）"定义为自动更正选项

B. 先全部输入为"（a）"，最后再一次性替换为"@"

C. 将"（a）"定义为自动图文集

D. 将"（a）"定义为文档部件

4. "打印"设置中的"打印当前页"专指（　　）。

A. 插入点所在页　　　　　　　　B. 窗口显示页

C. 第一页　　　　　　　　　　　D. 最后一页

5. 下列叙述不正确的是（　　）。

A. 删除自定义样式后，该样式将从模板中消失

B. 样式被删除后，将保留该样式的定义，样式并没有被真正删除

C. 内建样式中，"正文、标题"是不能删除的

D. 一个样式被删除后，文档中原来使用该样式的段落文本将被一并删除

6. 插入目录需要在（　　）选项卡中操作。

A. 插入　　　　　　B. 布局　　　　　　C. 引用　　　　　　D. 审阅

7. 在 WPS 文字中，将光标定位到最后一个单元格时，按下键盘上的 Lab 键，将（　　）。

A. 在单元格里建立新行　　　　　B. 产生新列

C. 产生新行　　　　　　　　　　D. 光标移动到表格的第一个单元格

8. 下列不是图片环绕方式的是（　　）。

A. 紧密型环绕　　　B. 四周型环绕　　　C. 上下型环绕　　　D. 左右型环绕

9. 下列不属于文字效果的是（　　）。

A. 轮廓　　　　　　B. 阴影　　　　　　C. 发光　　　　　　D. 三维

10. 下列不属于文本框类型的是（　　）。

A. 横向　　　　　　B. 纵向　　　　　　C. 多行　　　　　　D. 单行

11. 当一页内容已满，而仍然有文字继续输入，字处理软件（      ）。

A. 自动分页                          B. 需要用户手动分页

C. 插入分节符                        D. 提示用户处理

12. 以下选项中，不能直接更改字体的操作是（      ）。

A."开始选项卡"的"字体"下拉列表

B. 浮动工具栏的"字体"下拉列表

C."字体"对话框

D. 格式刷

13. 不可以在"段落"对话框中完成（      ）。

A. 对齐方式          B. 大纲级别          C. 段落间距          D. 分隔符

14. 艺术字对象实际是（      ）。

A. 文字对象                          B. 图形对象

C. 符号对象                          D. 既是文字对象，又是图形对象

15. 插入图像后，默认的环绕方式是（      ）。

A. 紧密型                            B. 嵌入型

C. 浮于文字上方                       D. 四周型

二、判断题

1. 可以对表格的单元格实施擦除、合并和拆分操作。                    （      ）

2. 可以给文本选取各种样式，也可以更改样式。                      （      ）

3. "段落"对话框中，可以设置行距为单倍、多倍、固定值等。          （      ）

4. 可以对表格和图片添加题注。                                  （      ）

5. 通过"文件"选项卡中的"打印"选项，可以进行文档的页面设置。      （      ）

三、实践操作题

小小所在学校即将举行田径运动会，为了动员同学们积极参加，营造氛围，请帮助小小制作一份运动会的宣传海报，并在班级内展示分享，讲述自己的设计理念和制作方法，请同学们帮助改进。